Ekbert Hering

Mathematische Probleme der Betriebswirtschaft in BASIC mit dem IBM PC

Ekbert Hering

Mathematische Probleme der Betriebswirtschaft in BASIC mit dem IBM PC

Finanzmathematik, Investitionsrechnung und Statistik

Mit 45 Programmen

Springer Fachmedien Wiesbaden GmbH

Das in diesem Buch enthaltene Programm-Material ist mit keiner Verpflichtung oder Garantie irgendeiner Art verbunden. Der Autor und der Verlag übernehmen infolgedessen keine Verantwortung und werden keine daraus folgende oder sonstige Haftung übernehmen, die auf irgendeine Art aus der Benutzung dieses Programm-Materials oder Teilen davon entsteht.

1987

Umschlaggestaltung: Peter Lenz, Wiesbaden
Satz: Vieweg, Braunschweig

ISBN 978-3-528-04451-0   ISBN 978-3-663-14033-7 (eBook)
DOI 10.1007/978-3-663-14033-7

Vorwort

Das vorliegende Buch bietet die mathematischen Grundlagen und gibt Erläuterungen zu den Gebieten der Zins-, Renten-, Tilgungs- und Investitionsrechnung, ferner für die Renditen von Kapitalanlagen sowie der Statistik. Ausführliche Beispiele zeigen, wie mit Hilfe der ausgedruckten Programme eigene Probleme in diesen Gebieten effizient gelöst werden können. Die Programme in BASIC sind auch auf einer Diskette erhältlich, um das mühsame Abtippen zu ersparen. In den Diskettenprogrammen werden ebenfalls kurze Erläuterungen zu dem betreffenden Themenkreis gegeben. Alle Programme sind menügesteuert und benutzerfreundlich gestaltet.

Geeignet ist dieses Buch für Lernende und Studierende im Bereich Wirtschaft ebenso wie für Praktiker in Finanzierungsfragen, zur Entscheidungsfindung bei Investitionsvorhaben oder zur statistischen Auswertung von Wirtschaftsdaten. Ebenso können interessierte Leser beispielsweise ihre Kreditfinanzierungsmöglichkeiten oder Investitionsalternativen sicher und schnell beurteilen. Dies ist insbesondere für Klein- und Mittelbetriebe wichtig.

Danken möchte ich an erster Stelle Herrn Dipl.-Wirtsch.-Ing. (FH) Hans-Peter Bürgler, der vor allem die Programme entwickelt hat, ferner meinem Kollegen Prof. Dr. Hans-Peter Kicherer, der mir als Mitautor des Buches „Taschenrechner für Wirtschaft und Finanzen" einige Ausführungen zur Verfügung stellte. Mein besonderer Dank gilt dem Vieweg-Verlag, insbesondere Herrn Dumke, der mit Engagement und klaren Zielvorstellungen dieses Buch maßgeblich gefördert hat. Nicht vergessen möchte ich den Dank an meine Frau, die mir bei der Entstehung des Manuskriptes mit Rat und Tat zur Seite stand.

Dem Leser wünsche ich, daß er, sei es auf der Schule, im Studium, im Betrieb oder bei seinen privaten Problemen dieses Buch zu seinem Vorteil gebrauchen wird. Für Kritik und Anregungen bin ich sehr dankbar.

Heubach, im Oktober 1986   Ekbert Hering

Inhaltsverzeichnis

Einführung

Bild 1-1 zeigt die in diesem Buch abgehandelten mathematischen Probleme in der Betriebswirtschaft. Es handelt sich dabei um folgende drei Bereiche:

1. Finanzmathematik
   Zins-, Renten- und Tilgungsrechnung sowie Kapitalanlagen
2. Investitionsrechnung
   Statische und dynamische Verfahren
3. Statistik
   Kennzahlen und Regressionsanalysen (lineare, exponentielle und logarithmische sowie polynome Regression).

Für jeden Teilbereich werden zuerst die Begriffe definiert und die notwendigen mathematischen Beziehungen aufgeführt und erläutert. Daran schließen sich ausgewählte Beispiele an, deren Ergebnisse, wie auf dem Bildschirm sichtbar, ausgedruckt sind. Das zugehörige Programm wird vorgestellt. Mit seiner Hilfe lassen sich die entsprechenden Berechnungen durchführen. Die Wahl der Berechnungsart (z. B. in der Zinsrechnung Anfangs- oder Endkapital oder Zinssatz) erfolgt durch Setzen der Leertaste in das gewünschte Feld. Bei Drücken der Freigabetaste (Enter-Taste) wird die gewählte Berechnung ausgeführt.

Die in diesem Buch abgedruckten Einzelprogramme sind auf der Diskette über eine Menüsteuerung zusammengefügt, die der Gliederung in Bild 1-1 entspricht. Es sind drei Ebenen zu unterscheiden: die oberste Ebene (Hauptmenü) enthält die Hauptabschnitte des Buches, in der zweiten Ebene erfolgt eine weitere Aufgliederung der Bereiche (dick umrandet in Bild 1-1) und in der dritten Ebene steht das gewünschte Programm zur Verarbeitung zur Verfügung. Vor der Programmausführung sind noch kurze Erläuterungen zum Problem auf dem Bildschirm sichtbar. An jeder Stelle ist ein Rücksprung in die höhere Programmebene möglich.

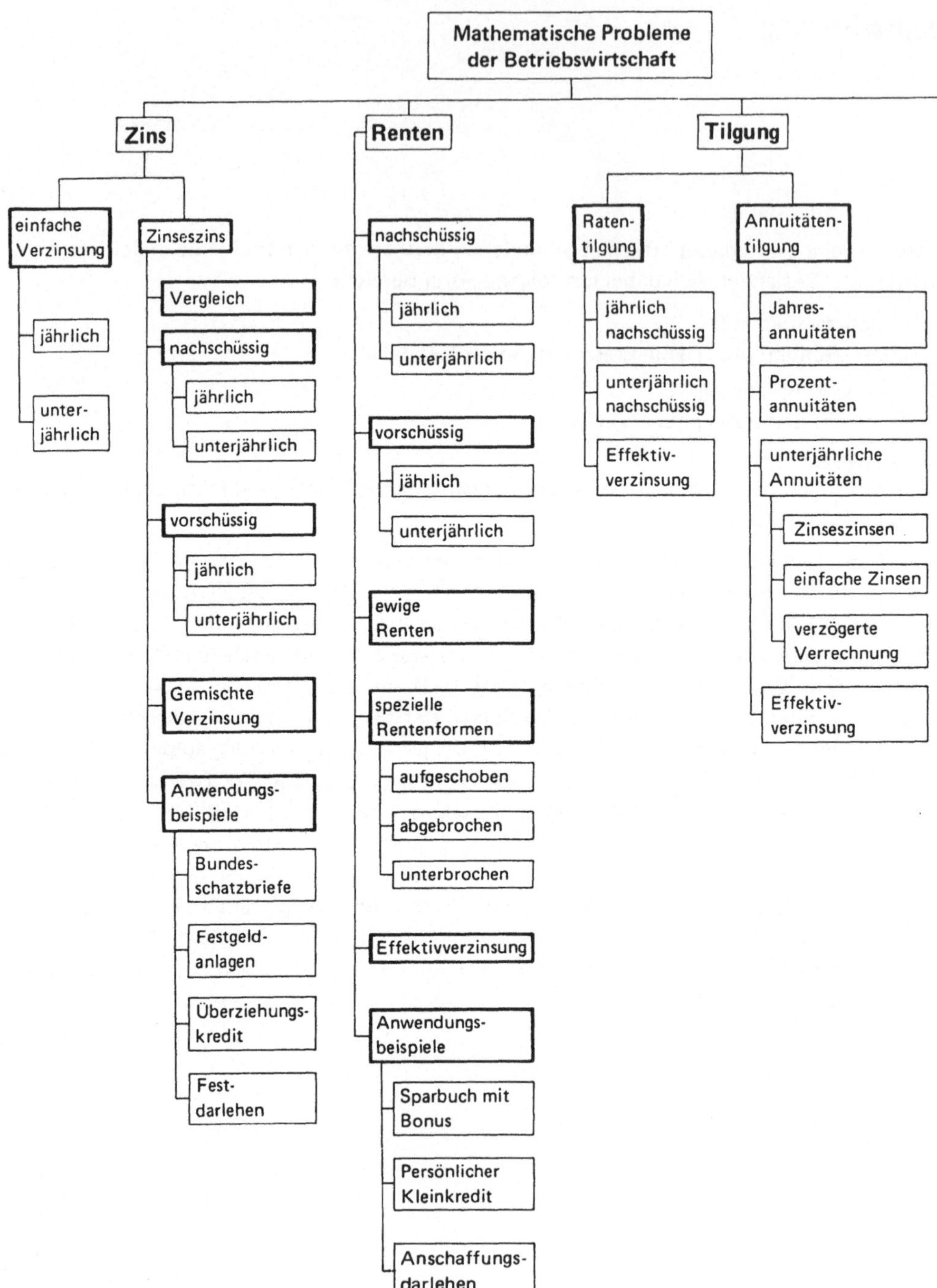

Bild 1-1 Übersicht über die mathematischen Probleme der Betriebswirtschaft

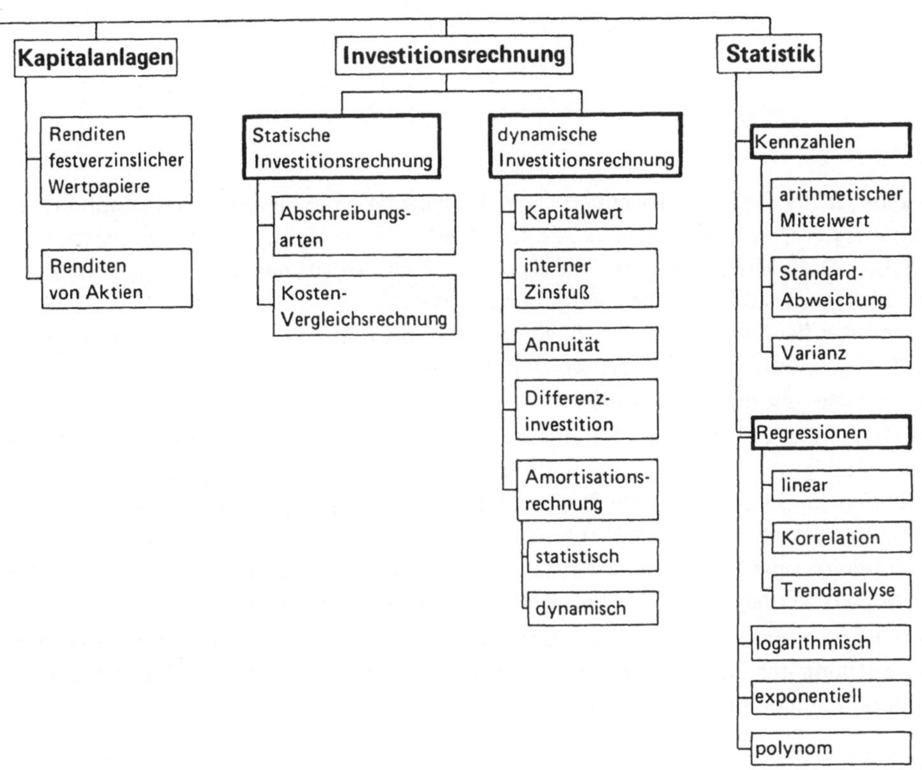

Kapitalanlagen
Renditen festverzinslicher Wertpapiere
Renditen von Aktien
Investitionsrechnung
Statische Investitionsrechnung
Abschreibungsarten
Kosten-Vergleichsrechnung
dynamische Investitionsrechnung
Kapitalwert
interner Zinsfuß
Annuität
Differenzinvestition
Amortisationsrechnung
statistisch
dynamisch
Statistik
Kennzahlen
arithmetischer Mittelwert
Standard-Abweichung
Varianz
Regressionen
linear
Korrelation
Trendanalyse
logarithmisch
exponentiell
polynom

1 Zinsrechnung

Der Zins ist der Preis für die entgeltliche Überlassung eines Geldbetrages (Kapitals). Die Angabe des Preises erfolgt als Zinssatz (Zinsfuß), d.h. in Form eines Prozentsatzes (also pro 100,— DM). Die Angabe bezieht sich normalerweise auf ein Kalenderjahr. In diesem Normalfall wird von jährlicher Verzinsung gesprochen. Dabei wird das Jahr in Deutschland von Kaufleuten (also auch z.B. von Banken, Sparkassen und Versicherungen) immer zu 360 Tagen, unter Nichtkaufleuten zu 365 Tagen gerechnet. Im folgenden wird von den Bräuchen der Kaufleute ausgegangen.

Wird ein Kapital bei jährlicher Verzinsung für weniger als ein Jahr angelegt, so werden die Zinsen anteilig berechnet. Für sechs Monate wird also z.B. die Hälfte, für drei Monate ein Viertel und für einen Monat ein Zwölftel des Jahreszinses vergütet. Dabei wird der Monat von Kaufleuten immer zu 30 Tagen (also auch der Februar und der Dezember), von Nichtkaufleuten dagegen i.d.R. mit der tatsächlichen Zahl der Tage berechnet. Bruchteile eines Monats werden immer mit der genauen Anzahl der Tage angesetzt.

Ferner ist zu beachten, daß bei der Zinsrechnung, wenn nichts anderes vereinbart ist, für die Ermittlung des Zeitraums der Kapitalüberlassung zwar der Tag der Rückzahlung mitgezählt wird, nicht aber der Tag der Einzahlung.

Beispiele:

Einzahlung	Auszahlung	Zahl der Tage
10. Januar 1980	6. März 1980	56 (Januar 20, Februar 30, März 6)
8. Juli 1980	29. April 1981	291 (Juli 22, April 29, restliche acht Monate je 30)

Bezieht sich der Zinssatz nicht wie normalerweise üblich auf ein Kalenderjahr, sondern auf einen kürzeren Zeitraum, also z.B. auf einen Monat oder auf ein Vierteljahr, so liegt eine *unterjährliche* Verzinsung vor. Für Bruchteile einer unterjährlichen Periode wird wieder anteilig gerechnet.

Wird nur das überlassene Kapital verzinst, werden die Zinsen nach Ablauf einer Zinsperiode also ausgezahlt oder einem unverzinslichen Konto gutgeschrieben, so liegt eine *einfache* Verzinsung vor. Werden die nach Ablauf einer Periode angefallenen Zinsen dagegen dem Kapital zugeschlagen, so daß sich das zu verzinsende Kapital für die folgende Periode entsprechend erhöht, so wird von der Zahlung von *Zinseszinsen* (Zinseszinsrechnung) gesprochen.

Wie bereits erwähnt, werden die Zinsen normalerweise am Ende der üblichen oder vereinbarten Periode ausbezahlt oder gutgeschrieben. Dieser Fall wird als *nachschüssige* Verzinsung bezeichnet. Erfolgt die Zinsgutschrift dagegen quasi als Vorschuß auf die anschließende

Kapitalüberlassung, also im voraus, so liegt eine *vorschüssige* Verzinsung vor. Dabei handelt es sich um besondere Ausnahmefälle.

Schließlich ist noch zwischen *Nominalzinsfuß* und *Effektivzinsfuß* zu unterscheiden. Der Nominalzinsfuß ist dabei derjenige Zinsfuß, der für die Kapitalüberlassung für ein Kalenderjahr vereinbart wurde, und zwar ohne Rücksicht auf Nebenabreden, welche z. B. die Fälligkeit der Zinsen betreffen können. Der Effektivzinsfuß ist dagegen derjenige Zinsfuß, der sich auf ein Kalenderjahr bezogen ergibt, wenn die tatsächlich bezahlten Zinsen unter Berücksichtigung von Nebenabreden zu dem eingesetzten Kapital in Beziehung gesetzt werden. So entspricht z. B. ein Nominalzins von 6 % bei vierteljährlicher Zinsbelastung einem Effektivzins von 6,1364 %. Auf die Unterscheidung zwischen Effektiv- und Nominalverzinsung wird in den einzelnen Abschnitten jeweils noch zurückzukommen sein.

Aus der folgenden Aufstellung sind die wichtigsten Symbole der Zinsrechnung ersichtlich. Diese Symbole werden durchgehend mit gleichbleibender Bedeutung verwendet.

Symbole	Bedeutung
K_0	Anfangskapital (gegen Zinsen überlassener Geldbetrag)
t	Anzahl der Tage von der Geldhingabe bis zur Rückzahlung
n	Zahl der Zinsperioden (in Jahren)
K_n	Endkapital nach n Zinsperioden
p	Zinsfuß oder Zinssatz (je 100 DM)
i	Zinssatz für 1 DM $\left(\text{es gilt } i = \dfrac{p}{100}\right)$
Z	Zinsbetrag in DM

1.1 Einfache Verzinsung

1.1.1 Einfache jährliche Verzinsung

Für die Ermittlung einfacher Zinsen wird üblicherweise mit folgender Formel gearbeitet:

$$Z = \frac{K_0 \cdot t \cdot p}{360 \cdot 100} = \boxed{\frac{K_0 \cdot t}{100}} : \boxed{\frac{360}{p}} \tag{1-1}$$

Zinszahl : Zinsdivisor

(Statt K_0 wird bei der einfachen Zinsrechnung meist nur K geschrieben).
Aus der Formel (1-1) folgt:

$$K_0 = \frac{Z \cdot 36000}{t \cdot p} \tag{1-2}$$

$$t = \frac{Z \cdot 36000}{K_0 \cdot p} \tag{1-3}$$

$$p = \frac{Z \cdot 36000}{t \cdot K_0} \tag{1-4}$$

Ferner gilt:

$$K_n = K_0 + Z \tag{1-5}$$
$$Z = K_n - K_0 \tag{1-6}$$

Stimmt die Anlagedauer mit der Zinsperiode überein, so gilt:

$$Z = \frac{K_0 \cdot p}{100} = K_0 \cdot i \tag{1-7}$$

Nach Formel (1-5) gilt ferner $K_n = K_0 + Z$. Bezeichnet man das Endkapital nach der ersten Periode mit K_1, nach der zweiten Periode mit K_2 usw., so gilt

$$K_1 = K_0 + K_0 \cdot i = K_0 (1 + i)$$
$$K_2 = K_0 + 2 \cdot K_0 \cdot i$$

Da n aber die Zahl der Zinsperioden angibt, gilt allgemein:

$$K_n = K_0 + n \cdot K_0 \cdot i = K_0 [1 + (n \cdot i)] \tag{1-8}$$

Dabei kann n auch als Bruchteil einer Zinsperiode ausgedrückt werden (z.B. 0,6 Jahre). Aus der Formel (1-8) folgt:

$$K_0 = \frac{K_n}{1 + n \cdot i} \tag{1-9}$$

Ferner gilt:

$$Z = n \cdot K_0 \cdot i \tag{1-10}$$

Daraus folgt:

$$n = \frac{Z}{K_0 \cdot i} \tag{1-11}$$

$$i = \frac{Z}{K_0 \cdot n} \tag{1-12}$$

$$p = i \cdot 100 \text{ (gemäß Definition)}$$

Beispiel 1.1.1-1:

Auf einem Sparbuch werden zum 1. Januar 1200,– DM angelegt. Die Zinsen werden sofort auf ein Girokonto übertragen. Welcher Zinsbetrag wurde auf dem Sparbuch in drei Jahren erwirtschaftet, wenn der Zinsfuß gleichbleibend 4 % betrug?

```
BERECHNUNG DES ENDKAPITALS                    Einfache jährliche Verzinsung
-----------------------------------------------------------------------------
EINGABE:

ANFANGSKAPITAL ? 1200

ZINSSATZ ? 4

SOLLEN DIE ZINSTAGE BERECHNET WERDEN (J/N)? n

GEBEN SIE JAHRE, MONATE UND TAGE AN? 3,0,0

DIES SIND  1080  ZINSTAGE.

-----------------------------------------------------------------------------
ERGEBNIS:

DAS ENDKAPITAL BETRÄGT 1344 DM

DER ZINSBETRAG BETRÄGT 144 DM

-----------------------------------------------------------------------------
SOLL EINE WEITERE BERECHNUNG DURCHGEFÜHRT WERDEN (J/N)?
```

Beispiel 1.1.1-2:

Ein junger Ehemann bekommt von seiner Schwiegermutter 20 000,– DM zu einfachen Zinsen für vier Jahre, drei Monate und zehn Tage geliehen. Danach ist ein Zinsbetrag von 3000,– DM fällig. Wie groß ist der Zinssatz?

```
BERECHNUNG DES ZINSSATZES                     Einfache jährliche Verzinsung
-----------------------------------------------------------------------------
EINGABE:

ZINSBETRAG ? 3000

ANFANGSKAPITAL ? 20000

SOLLEN DIE ZINSTAGE BERECHNET WERDEN (J/N)? n

GEBEN SIE JAHRE, MONATE UND TAGE AN? 4,3,10

DIES SIND  1540  ZINSTAGE.

-----------------------------------------------------------------------------
ERGEBNIS:

DER ZINSSATZ BETRÄGT  3.51 %

-----------------------------------------------------------------------------
SOLL EINE WEITERE BERECHNUNG DURCHGEFÜHRT WERDEN (J/N)?
```

Programmlisting 1.1.1

```
10 '##############################################################
20 '#                   EINFACHE ZINSRECHNUNG                    #
30 '##############################################################
40 '
50 '##############################################################
60 '################## EINFACHE JÄHRLICHE VERZINSUNG #############
70 '##############################################################
80 '
90 '
100 '################### BERECHNUNG DES ENDKAPITALS ###############
110 '
120 CLS
130 LOCATE  1, 5:PRINT "BERECHNUNG DES ENDKAPITALS
140 LOCATE  5, 5:INPUT "ANFANGSKAPITAL ";AK
150 LOCATE  7, 5:INPUT "ZINSSATZ ";P
160 GOSUB 7510
170 IF J$="J" OR J$="j" THEN GOSUB 7630:GOTO 190
180 GOSUB 7560
190 EK = AK*(1+((T/360)*(P/100)))
200 Z = EK-AK
210 EK=INT(100*EK+.05)/100
220 Z =INT(100*Z +.05)/100
230 LOCATE 19, 5:PRINT "DAS ENDKAPITAL BETRÄGT"EK"DM
240 LOCATE 21, 5:PRINT "DER ZINSBETRAG BETRÄGT"Z"DM
250 '
260 '#################### BERECHNUNG DES ANFANGSKAPITAL #########
270 '
280 CLS
290 LOCATE 1, 5:PRINT "BERECHNUNG DES ANFANGSKAPITALS
300 LOCATE 5, 5:INPUT "ENDKAPITAL ";EK
310 LOCATE 7, 5:INPUT "ZINSSATZ ";P
320 GOSUB 7510
330 IF J$="J" OR J$="j" THEN GOSUB 7630:GOTO 350
340 GOSUB 7560
350 AK = EK / (1+(T/360)*(P/100))
360 AK=INT(100*AK+.05)/100
370 LOCATE 19, 5:PRINT "DAS ANFANGSKAPITAL BETRÄGT"AK"DM
380 '
390 '#################### BERECHNUNG DER ZINSTAGE ###############
400 '
410 CLS
420 LOCATE 1, 5:PRINT "BERECHNUNG DER ZINSTAGE"
430 LOCATE 5, 5:INPUT "ZINSBETRAG (IN DM) ";Z
440 LOCATE 7, 5:INPUT "ZINSSATZ ";P
450 LOCATE 9, 5:INPUT "ANFANGSKAPITAL ";AK
460 T = (Z / (AK*(P/100)))*360 : T=INT(T)
470 LOCATE 19, 5:PRINT "DAS KAPITAL WURDE "T" TAGE VERZINST."
480 GOSUB 7420
490 LOCATE  21, 5:PRINT"DAS SIND"JJ"JAHRE,"MM"MONATE UND"TT"TAGE."
500 '
```

```
510 '###################### BERECHNUNG DES ZINSSATZES ######################
520 '
530 CLS
540 LOCATE 1, 5: PRINT "BERECHNUNG DES ZINSSATZES"
550 LOCATE 5, 5: INPUT "ZINSBETRAG ";Z
560 LOCATE 7, 5: INPUT "ANFANGSKAPITAL ";AK
570 GOSUB 7510
580 IF J$="J" OR J$="j" THEN GOSUB 7630:GOTO 600
590 GOSUB 7560
600 P = (Z / (AK*T/360))*100
610 P = INT(P*100+.5)/100
620 LOCATE 19, 5: PRINT "DER ZINSSATZ BETRÄGT "P"%"
630 '
```

Alle Programme in der Zinsrechnung ermöglichen die Berechnung der Zinstage, die zwischen zwei Terminen liegen, durch die Abfrage ,,Sollen die Zinstage berechnet werden (J/N)?''. Bei Verneinung dieser Frage wird die Zeitspanne in Jahren, Monaten und Tagen eingegeben und daraus die Zinstage berechnet und ausgegeben.

1.1.2 Einfache unterjährliche Verzinsung

Wie oben bereits erklärt, bezieht sich der Nominalzinsfuß bei unterjährlicher Verzinsung nicht auf ein Kalenderjahr, sondern auf einen kürzeren Zeitraum (z.B. 3 Monate, $\frac{1}{2}$ Jahr). Da die unterjährlich zu berechneten Zinsen bei der einfachen Zinsrechnung unverzinslich angesammelt oder ausbezahlt werden, treten bei der Berechnung keine besonderen Probleme auf. Es genügt, entweder den unterjährlichen Zinsfuß auf den Jahreszinsfuß hochzurechnen oder mit der Zahl der unterjährlichen Perioden auf der Basis des unterjährlichen Zinssatzes zu rechnen. Wird die Zahl der Zinsperioden pro Jahr mit m bezeichnet, so ergibt sich die Summe der unterjährlichen Zinsperioden aus der Multiplikation der unterjährlichen Zinsperioden m mit der Anzahl der Jahre n (für n ganzzahlig).

Beispiel 1.1.2-1:

Welches Kapital muß 3 mal 60 Tage lang zu 1,4 % Zinsen je 60 Tage angelegt werden, um einschließlich Zinsen auf eine Summe von 693,97 DM anzuwachsen?

```
BERECHNUNG DES ANFANGSKAPITALS              Einfache unterjährliche Verzinsung
------------------------------------------------------------------------------
EINGABE:

ENDKAPITAL ? 693.97
UNTERJÄHRLICHER ZINSSATZ ? 1.4
DAUER EINER ZINSPERIODE (IN TAGEN)? 60

SOLLEN DIE ZINSTAGE BERECHNET WERDEN (J/N)? n

GEBEN SIE JAHRE, MONATE UND TAGE AN? 0,0,180

DIES SIND  180  ZINSTAGE.
------------------------------------------------------------------------------
ERGEBNIS:

DAS ANFANGSKAPITAL BETRÄGT 666 DM
------------------------------------------------------------------------------
SOLL EINE WEITERE BERECHNUNG DURCHGEFÜHRT WERDEN (J/N)?
```

Beispiel 1.1.2-2:

Für einen Kredit von 2000 DM muß nach einem dreiviertel Jahr ein Zinsbetrag von 150,— DM bezahlt werden. Das Kapital wurde jeweils für 30 Tage angelegt. Wie groß ist der monatliche und der effektive Zinssatz?

```
BERECHNUNG DES ZINSSATZES                 Einfache unterjährliche Verzinsung
-----------------------------------------------------------------------------
EINGABE:

ZINSBETRAG ? 150
ANFANGSKAPITAL ? 2000
DAUER DER ZINSPERIODE (IN TAGEN) ? 30

SOLLEN DIE ZINSTAGE BERECHNET WERDEN (J/N)? n

GEBEN SIE JAHRE, MONATE UND TAGE AN? 0,9,0

DIES SIND  270  ZINSTAGE.

-----------------------------------------------------------------------------
ERGEBNIS:


DER ZINSSATZ FÜR 30 TAGE BETRÄGT  .83 %

DIES ENTSPRICHT EINEM EFFEKTIVEN ZINSSATZ VON 9.96 %

-----------------------------------------------------------------------------
SOLL EINE WEITERE BERECHNUNG DURCHGEFÜHRT WERDEN (J/N)?
```

Programmlisting 1.1.2

```
640 '#################################################################
650 '#################### EINFACHE UNTERJÄHRLICHE VERZINSUNG #############
660 '#################################################################
670 '
680 '#################### BERECHNUNG DES ENDKAPITALS ###################
690 '
700 CLS
710 LOCATE  1, 5:PRINT "BERECHNUNG DES ENDKAPITALS
720 LOCATE  5, 5:INPUT "ANFANGSKAPITAL ";AK
730 LOCATE  6, 5:INPUT "UNTERJÄHRLICHER ZINSSATZ ";P
740 LOCATE  7, 5:INPUT "DAUER EINER ZINSPERIODE (IN TAGEN)";X
750 GOSUB 7510
760 IF J$="J" OR J$="j" THEN GOSUB 7630:GOTO 780
770 GOSUB 7560
780 PE = (360 / X) * P
790 PE = INT(100*PE+.05)/100
800 EK = AK * (1+((T/360)*(P*.01*(360/X))))
810 EK = INT(100*EK+.05)/100
820 Z = EK - AK
830 Z = INT(100*Z+.05)/100
840 LOCATE 18, 5:PRINT "DAS ENDKAPITAL BETRÄGT"EK"DM
850 LOCATE 20, 5:PRINT "DER ZINSBETRAG BETRÄGT"Z"DM
860 LOCATE 22, 5:PRINT"DIES ENTSPRICHT EINEM JAHRESZINS VON"PE"%.
870 '
```

```
880 '******************** BERECHNUNG DES ANFANGSKAPITALS ******************
890 '
900 CLS
910 LOCATE  1, 5:PRINT "BERECHNUNG DES ANFANGSKAPITALS"
920 LOCATE  5, 5:INPUT "ENDKAPITAL ";EK
930 LOCATE  6, 5:INPUT "UNTERJÄHRLICHER ZINSSATZ ";P
940 LOCATE  7, 5:INPUT "DAUER EINER ZINSPERIODE (IN TAGEN)";X
950 GOSUB 7510
960 IF J$="J" OR  J$="j" THEN GOSUB 7630:GOTO 980
970 GOSUB 7560
980 AK = EK / (1+(T/360)*(P*.01*(360/X)))
990 AK = INT(100*AK+.5)/100
1000 LOCATE 19,5:PRINT"DAS ANFANGSKAPITAL BETRÄGT"AK"DM
1010 '
1020 '****************** BERECHNUNG DER ZINSTAGE ************************
1030 '
1040 CLS
1050 LOCATE  1, 5:PRINT"BERECHNUNG DER ZINSTAGE"
1060 LOCATE  5, 5:INPUT"ANFANGSKAPITAL ";AK
1070 LOCATE  7, 5:INPUT"UNTERJÄHRLICHER ZINSSATZ ";P
1080 LOCATE  9, 5:INPUT"DAUER DER ZINSPERIODE (IN TAGEN)";M
1090 LOCATE 11, 5:INPUT"ZINSBETRAG (IN DM)";Z
1100 T = (Z / (AK*(P*.01*(360/M))))*360
1110 T=INT(T+.5)
1120 LOCATE 18, 5:PRINT "DAS KAPITAL WURDE "T" TAGE VERZINST."
1130 GOSUB 7420
1140 LOCATE  20, 5:PRINT"DAS SIND"JJ"JAHRE,"MM"MONATE UND"TT"TAGE."
1150 '
1160 '****************** BERECHNUNG DES ZINSSATZES ********************
1170 '
1180 CLS
1190 LOCATE  1, 5: PRINT "BERECHNUNG DES ZINSSATZES"
1200 LOCATE  5, 5: INPUT "ZINSBETRAG ";Z
1210 LOCATE  6, 5: INPUT "ANFANGSKAPITAL ";AK
1220 LOCATE  7, 5: INPUT "DAUER DER ZINSPERIODE (IN TAGEN) ";X
1230 GOSUB 7510
1240 IF J$="J" OR J$="j" THEN GOSUB 7630:GOTO 1260
1250 GOSUB 7560
1260 P = (Z*36000! ) /((T*AK)*360/X)
1270 P=INT(P*100+.5)/100
1280 PE = (360 / X) * P
1290 P1 = INT(PE*100+.5)/100
1300 LOCATE 19, 5:PRINT "DER ZINSSATZ FÜR";X;"TAGE BETRÄGT ";P;"%"
1310 LOCATE 21, 5:PRINT"DIES ENTSPRICHT EINEM EFFEKTIVEN ZINSSATZ VON";P1;"%
```

1.2 Zinseszinsen

1.2.1 Einfache Zinsen und Zinseszinsen im Vergleich

Bild 1-2 zeigt das unterschiedliche Anwachsen eines Anfangskapitals von 2000,– DM
bei einfacher Verzinsung oder bei Zinseszinsen von 9 %.

Man sieht sofort, daß sich bei gleicher Anlagedauer und gleichem Zinsfuß ein Kapital
bei Anlage zu Zinseszinsen stärker vermehrt als bei Anlage zu einfachen Zinsen. Das bedeutet: Ein Kapital, das zu Zinseszinsen angelegt wird, erreicht in unserem Beispiel
schon nach 7,5 Jahren den Wert von 3800,– DM. Dieser wird bei einfacher Verzinsung erst nach 10 Jahren erreicht (s. Bild 1-2).

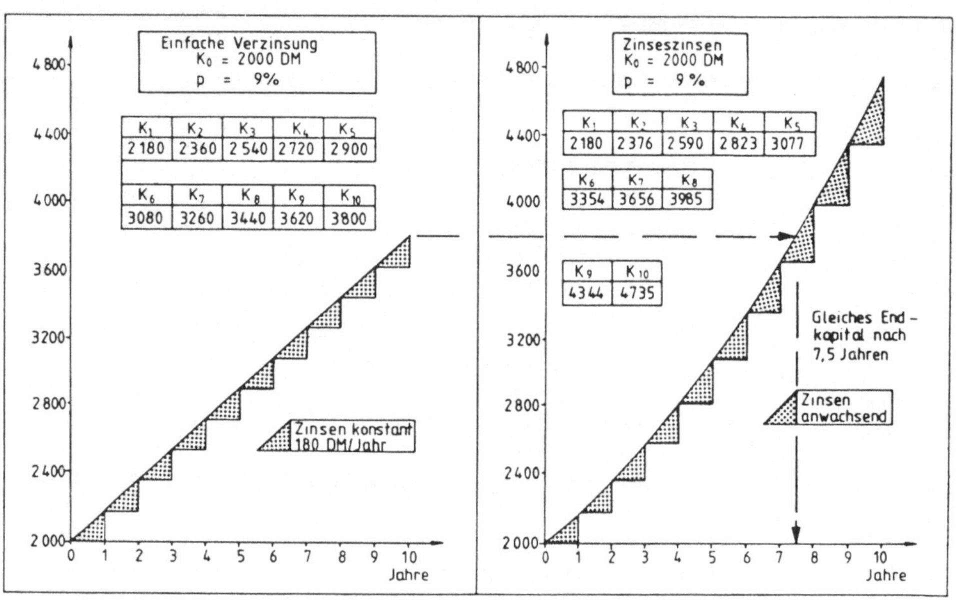

Bild 1-2: Vergleich des Anwachsen eines Anfangskapitals bei einfacher Verzinsung oder Zinseszinsen

Das Programm gestattet die Gegenüberstellung von Zinstabellen bei einfachen Zinsen und
Zinseszinsen.

```
GEGENÜBERSTELLUNG                   Einfache Zinsen und Zinseszinsen im Vergle

   ANFANGSKAPITAL: 2000          ZINSSATZ: 9 %              PERIODEN: 10
-----------------------------------------------------------------------------
              I      ENDKAPITAL BEI        I      ENDKAPITAL BEI
   PERIODE    I      EINFACHEN ZINSEN      I      ZINSESZINSEN
--------------I-----------------------------I-------------------------------
        1     I          2180              I          2180
        2     I          2360              I          2376.2
        3     I          2540              I          2590.05
        4     I          2720              I          2823.16
        5     I          2900              I          3077.24
        6     I          3080              I          3354.2
        7     I          3260              I          3656.08
        8     I          3440              I          3985.12
        9     I          3620              I          4343.78
       10     I          3800              I          4734.73
-----------------------------------------------------------------------------

SOLL EINE WEITERE BERECHNUNG DURCHGEFüHRT WERDEN (J/N)?
```

Programmlisting 1.2.1

```
1370 '#################################################################
1380 '###########EINFACHEN ZINSEN UND ZINSESZINSEN IM VERGLEICH ###########
1390 '#################################################################
1400 '
1410 '####################### EINGABE #################################
1420 '
1430 CLS
1440 LOCATE    1,35:COLOR 0,7:PRINT"Einfache Zinsen und Zinseszinsen im Vergleich
":COLOR 7,0
1450 LOCATE    1, 5:PRINT"GEGENÜBERSTELLUNG"
1460 LOCATE 3, 5:PRINT"EINGABE:
1470 LOCATE    5, 5:INPUT"ANFANGSKAPITAL ";AK
1480 LOCATE    7, 5:INPUT"ZINSSATZ ";P
1490 LOCATE    9, 5:INPUT"ANZAHL DER VERGLEICHSPERIODEN";N
1500 '
1510 '####################### AUSGABEKOPF #########################
1520 '
1530 CLS
1540 PRINT    "GEGENÜBERSTELLUNG"
1550 LOCATE  1,35:COLOR 0,7:PRINT"Einfache Zinsen und Zinseszinsen im Vergleich"
:COLOR 7,0
1560 PRINT"-----------------------------------------------------------
----------"
1570 PRINT;TAB(5);"ANFANGSKAPITAL:";AK;TAB(35);"ZINSSATZ:";P;"%";TAB(60);"PERIOD
EN:";N;"
1580 PRINT"-----------------------------------------------------------
----------"
1590 PRINT"             I     ENDKAPITAL BEI       I       ENDKAPITAL BEI
1600 PRINT"   PERIODE  I    EINFACHEN ZINSEN       I         ZINSESZINSEN"
1610 PRINT"------------I------------------------I--------------------i
----------"
1620 X=0
1630 FOR I = 1 TO N
1640 X = X+1:IF X = 12 THEN 1650 ELSE GOTO 1750
1650 X = 1:LOCATE 23,15:INPUT"ENTER = WEITER";ENT:CLS
1660 PRINT"   GEGENÜBERSTELLUNG"
1670 LOCATE  1,35:COLOR 0,7:PRINT"Einfache Zinsen und Zinseszinsen im Vergleich"
:COLOR 7,0
1680 PRINT"-----------------------------------------------------------
----------"
1690 PRINT;TAB(5);"ANFANGSKAPITAL:";AK;TAB(35);"ZINSSATZ:";P;"%";TAB(60);"PERIOD
EN:";N;"
1700 PRINT"-----------------------------------------------------------
----------"
1710 PRINT"             I     ENDKAPITAL BEI       I       ENDKAPITAL BEI
1720 PRINT"   PERIODE  I    EINFACHEN ZINSEN       I         ZINSESZINSEN"
1730 PRINT"------------I------------------------I--------------------
----------"
1740 '
```

```
1750 '**************************** BERECHNUNG ****************************
1760 '
1770 Q = 1+P/100
1780 A(I) = AK * (1+(I*P/100))        :'Einfache Zinsen
1790 B(I) = AK * (Q^I)                 :'Zinseszinsen
1800 A(I) = INT(A(I)*100+.05)/100
1810 B(I) = INT(B(I)*100+.05)/100
1820 '
1830 '*************************** AUSGABEPROTOKOLL ***************************
1840 '
1850 PRINT;TAB(7);I;TAB(14)"I";TAB(23);A(I);TAB(43)"I";TAB(53);B(I)
1860 NEXT I
1870 PRINT"----------------------------------------------------------------
----------"
1880 LOCATE 24, 5:INPUT"SOLL EINE WEITERE BERECHNUNG DURCHGEFüHRT WERDEN (J/N)";
J$
1890 IF J$="J" OR J$="j" GOTO 1370 ELSE GOTO 1330
1900 '
```

1.2.2 Nachschüssige Zinseszinsrechnung

1.2.2.1 Jährlich-nachschüssige Zinseszinsen

In der Zinseszinsrechnung benötigt man den Aufzinsungsfaktor q oder dessen Kehrwert, den Abzinsungsfaktor v. Dabei gilt:

$$q = (1 + i) \tag{1-13}$$

$$v = \frac{1}{q} \tag{1-14}$$

Der Aufzinsungsfaktor q gibt an, mit welchem Faktor das Kapital K_0 periodenweise multipliziert werden muß, um zum Endkapital K_n anzuwachsen (1-15). Wird ein Endkapital K_n periodenweise mit dem Abzinsungsfaktor v multipliziert, so erhält man das Anfangskapital K_0 (1-16).

Somit gilt für die Ermittlung des Rückzahlungsbetrages K_n einer Geldanlage zu nachschüssigen Zinseszinsen:

$$K_n = K_0 (1 + i)^n = K_0 \cdot q^n \tag{1-15}$$

Aus der Auflösung der Formel (1-15) ergeben sich für das Anfangskapital K_0, den Zinsfaktor i und für die Anzahl der Zinsperioden n folgende Formeln:

$$K_0 = K_n \frac{1}{(1 + i)^n} = \frac{K_n}{q^n} = K_n \cdot v^n \tag{1-16}$$

$$i = \sqrt[n]{\frac{K_n}{K_0}} - 1 \tag{1-17}$$

$$n = \frac{\log(K_n) - \log(K_0)}{\log(1 + i)} \tag{1-18}$$

Beispiel 1.2.2.1-1:

Auf welche Summe wächst ein Kapital von 730,– DM an, wenn es auf sechs Jahre zu 5 % jährlich nachschüssig zu Zinseszinsen angelegt wird und wie groß ist der zu zahlende Zinsbetrag?

```
BERECHNUNG DES ENDKAPITALS               Jährlich-nachschüssige Zinseszinsen
------------------------------------------------------------------------------
EINGABE:

ANFANGSKAPITAL ? 730

ZINSSATZ ? 5

SOLLEN DIE ZINSTAGE BERECHNET WERDEN (J/N)? n

GEBEN SIE JAHRE, MONATE UND TAGE AN? 6,0,0

DIES SIND  2160  ZINSTAGE.

------------------------------------------------------------------------------
ERGEBNIS:

Das Endkapital beträgt 978.27 DM

Der Zinsbetrag beträgt 248.27 DM

------------------------------------------------------------------------------
SOLL EINE WEITERE BERECHNUNG DURCHGEFÜHRT WERDEN (J/N)?
```

Beispiel 1.2.2.1-2:

Wie lange wurde ein Kapital von 1200 DM zum Zinssatz von 8,5 % angelegt, wenn 1530 DM ausbezahlt werden?

```
BERECHNUNG DER ZINSPERIODE               Jährlich-nachschüssige Zinseszinsen
------------------------------------------------------------------------------
EINGABE:

ANFANGSKAPITAL ? 1200

ENDKAPITAL ? 1530

ZINSFAKTOR ? 8.5

------------------------------------------------------------------------------
ERGEBNIS:

Das Kapital wurde  1072 Tage verzinst.

DAS SIND 2 JAHRE, 11 MONATE UND 22 TAGE.

------------------------------------------------------------------------------
SOLL EINE WEITERE BERECHNUNG DURCHGEFÜHRT WERDEN (J/N)?
```

Programmlisting 1.2.2.1

```
1330 '***************************************************************************
1340 '*                     ZINSESZINSRECHNUNG                                 *
1350 '***************************************************************************
1360 '
1910 '***************************************************************************
1920 '******************** NACHSCHÜSSIGE ZINSESZINSRECHNUNG ******************
1930 '***************************************************************************
1940 '
1950 '
1960 '***************************************************************************
1970 '****************** JÄHRLICH-NACHSCHÜSSIGE ZINSESZINSEN ***********
1980 '***************************************************************************
1990 '
2000 '
2010 '****************** BERECHNUNG DES ENDKAPITALS ******************
2020 '
2030 CLS
2040 LOCATE  1, 5:PRINT"BERECHNUNG DES ENDKAPITALS"
2050 LOCATE  5, 5:INPUT"ANFANGSKAPITAL ";AK
2060 LOCATE  7, 5:INPUT"ZINSSATZ ";P
2070 GOSUB 7510
2080 IF J$="J" OR J$="j" THEN GOSUB 7630:GOTO 2100
2090 GOSUB 7560
2100 EK = AK * (1+ .01*P)^(T/360)
2110 EK = INT(100*EK + .5)/100
2120 Z = EK-AK
2130 LOCATE 19, 5:PRINT"Das Endkapital beträgt"EK"DM
2140 LOCATE 21, 5:PRINT"Der Zinsbetrag beträgt"Z"DM
2150 '
2160 '****************** BERECHNUNG DES ANFANGSKAPITALS ****************
2170 '
2180 CLS
2190 LOCATE  1, 5:PRINT"BERECHNUNG DES ANFANGSKAPITALS"
2200 LOCATE  5, 5:INPUT"ENDKAPITAL ";EK
2210 LOCATE  7, 5:INPUT"ZINSSATZ ";P
2220 GOSUB 7510
2230 IF J$="J" OR J$="j" THEN GOSUB 7630:GOTO 2250
2240 GOSUB 7560
2250 AK = EK * (1/(1+.01*P)^(T/360))
2260 AK = INT(100*AK+.5)/100
2270 LOCATE 20, 5:PRINT"DAS ANFANGSKAPITAL BETRÄGT"AK"DM
2280 '
2290 '****************** BERECHNUNG DES ZINSFAKTORS ******************
2300 '
2310 CLS
2320 LOCATE  1, 5:PRINT"BERECHNUNG DES ZINSFAKTORS"
2330 LOCATE  5, 5:INPUT"ANFANGSKAPITAL ";AK
2340 LOCATE  7, 5:INPUT"ENDKAPITAL ";EK
2350 GOSUB 7510
2360 IF J$="J" OR J$="j" THEN GOSUB 7630:GOTO 2380
2370 GOSUB 7560
```

```
2380 P = (((EK/AK)^(1/(T/360)))-1)*100
2390 P  = INT(100*P +.5)/100
2400 LOCATE 19, 5:PRINT"Der Zinsfaktor beträgt"P"%
2410 '
2420 '******************* BERECHNUNG DER ZINSPERIODE ********************
2430 '
2440 CLS
2450 LOCATE  1, 5:PRINT"BERECHNUNG DER ZINSPERIODE"
2460 LOCATE  5, 5:INPUT"ANFANGSKAPITAL ";AK
2470 LOCATE  7, 5:INPUT"ENDKAPITAL ";EK
2480 LOCATE  9, 5:INPUT"ZINSFAKTOR ";P
2490 T  = (LOG(EK)-LOG(AK))/(LOG(1+P*.01))
2500 T  = T*360
2510 T  = INT(T+.5)
2520 GOSUB 7420
2530 LOCATE 18, 5:PRINT"Das Kapital wurde "T"Tage verzinst."
2540 LOCATE 20, 5:PRINT"DAS SIND"JJ"JAHRE,"MM"MONATE UND"TT"TAGE."
2550 '
```

1.2.2.2 Unterjährlich-nachschüssige Zinseszinsen

Bei unterjährlicher Verzinsung gibt es m Zinsperioden pro Jahr. Bei monatlicher Verzinsung gilt also z.B. m = 12. Nach Ablauf jeder dieser unterjährlichen Perioden erfolgt die Zinsgutschrift. Die Zinsen werden also in den folgenden Perioden mitverzinst. Der auf eine unterjährliche Zinsperiode bezogene Zinsfuß heißt *periodischer* oder *relativer Zinsfuß*, für ihn steht das Symbol p^*.

Für sein Verhältnis zum Jahreszinsfuß p gilt:

$$p^* = \frac{p}{m}$$

(1-19)

$$p = p^* \cdot m$$

$$i^* = \frac{p^*}{100} = \frac{i}{m}$$

(1-20)

Der nominelle Jahreszinssatz p ergibt sich also aus der Multiplikation des relativen Zinssatzes p^* mit der Zahl der unterjährlichen Zinsperioden m. Der relative Zinssatz p^* ist dadurch zu ermitteln, daß der nominelle Jahreszinssatz p durch die Zahl der unterjährlichen Zinsperioden m geteilt wird.

Ferner gilt:

$$K_n = K_0 \cdot (1 + i^*)^{m \cdot n}$$

(1-21)

Bei unterjährlicher Verzinsung weichen Nominalverzinsung und Effektivverzinsung voneinander ab. So wird z.B. mit einem Halbjahreszins von 2 % ein höheres Endkapital zum Jahresende erreicht als bei einem Jahreszins von 4 %. Zur Lösung derartiger Aufgaben ist es zweckmäßig, zunächst denjenigen Jahreszinssatz zu ermitteln, bei dessen Anwendung das Endkapital zum Jahresende genau so hoch ist wie bei Anwendung des vereinbarten relativen Zinssatzes. Dieser Zinssatz ist der effektive Jahreszinssatz, für den das Symbol p_e eingeführt werden soll. Dabei gilt:

$$p_e = ((1 + i^*)^m - 1) \cdot 100$$

(1-22)

Aus dieser Formel läßt sich für m Perioden der zu einem gegebenen effektiven Jahreszinssatz gehörende *relative Zinssatz* i^* bzw. *konforme Zinsfuß* $\overline{p} = i^* \cdot 100$ errechnen:

$$\overline{p} = (\sqrt[m]{(1 + i)} - 1) \cdot 100$$

(1-23)

Die Ermittlung des effektiven Jahreszinssatzes, wenn der relative Zinsfuß gegeben ist, und des relativen Zinsfußes, wenn der effektive Jahreszinssatz gegeben ist, zeigt das folgende Beispiel.

Beispiel 1.2.2.2-1:

Wie hoch ist der effektive Jahreszinsfuß, wenn ein Kapital mit 1 % pro Monat verzinst wird? Zur Probe und zur Ermittlung des relativen Zinssatzes pro Monat soll eine Rückrechnung durchgeführt werden.

```
BERECHNUNG DES ENDKAPITALS          Unterjährlich-nachschüssige Zinseszinsen
------------------------------------------------------------------------------
EINGABE:

ANFANGSKAPITAL ? 100
ZINSSATZ PRO PERIODE? 1
ANZAHL DER PERIODEN PRO JAHR? 12

SOLLEN DIE ZINSTAGE BERECHNET WERDEN (J/N)? n

GEBEN SIE JAHRE, MONATE UND TAGE AN? 1,0,0

DIES SIND  360  ZINSTAGE.

------------------------------------------------------------------------------
ERGEBNIS:

DAS ENDKAPITAL BETRÄGT 112.68 DM

DER ZINSBETRAG BETRÄGT 12.68 DM

DIES ENTSPRICHT EINEM EFFEKTIVEN JAHRESZINS VON 12.68 %
------------------------------------------------------------------------------
SOLL EINE WEITERE BERECHNUNG DURCHGEFÜHRT WERDEN (J/N)?
```

Beispiel 1.2.2.2-2:

Ein Kapital von 3000,– DM ist bei einem Zinsfuß von 2 % pro Quartal auf 5653,53 DM angewachsen.

a) Wie hoch ist die Effektivverzinsung?

b) Wie viele unterjährliche Perioden war das Kapital angelegt?

BERECHNUNG DER ZINSPERIODE   Unterjährlich-nachschüssige Zinseszinsen
----
EINGABE:

ANFANGSKAPITAL ? 3000

ENDKAPITAL ? 5653.53

ZINSSATZ PRO PERIODE? 2

ANZAHL DER PERIODEN PRO JAHR? 4

ERGEBNIS:

DAS KAPITAL WURDE 8 JAHRE ANGELEGT. DIES SIND 32 UNTERJÄHRLICHE PERIODEN.

DIES ENTSPRICHT EINEM EFFEKTIVEN JAHRESZINS VON 8.24 %

SOLL EINE WEITERE BERECHNUNG DURCHGEFÜHRT WERDEN (J/N)?

Programmlisting 1.2.2.2

```
2560 '############################################################################
2570 '################# UNTERJÄHRLICH-NACHSCHÜSSIGE ZINSESZINSEN #############+++++
2580 '############################################################################
2590 '
2600 '
2610 '##################### BERECHNUNG DES ENDKAPITALS ####################+++++
2620 '
2630 CLS
2640 LOCATE  1, 5:PRINT"BERECHNUNG DES ENDKAPITALS"
2650 LOCATE  5, 5:INPUT"ANFANGSKAPITAL ";AK
2660 LOCATE  6, 5:INPUT"ZINSSATZ PRO PERIODE";P
2670 LOCATE  7, 5:INPUT"ANZAHL DER PERIODEN PRO JAHR";X
2680 GOSUB 7510
2690 IF J$="J" OR J$="j" THEN GOSUB 7630:GOTO 2710
2700 GOSUB 7560
2710 EK = AK *((1+(P*.01))^(X*(T/360)))
2720 EK =INT(100*EK+.5)/100
2730 Z=EK-AK
2740 PE = (((1+P/100)^X-1)*100)
2750 PE=INT(100*PE+.5)/100
2760 LOCATE 18, 5:PRINT"DAS ENDKAPITAL BETRÄGT"EK"DM"
2770 LOCATE 20, 5:PRINT"DER ZINSBETRAG BETRÄGT"Z"DM
2780 LOCATE 22, 5:PRINT"DIES ENTSPRICHT EINEM EFFEKTIVEN JAHRESZINS VON"PE"%"
2790 '
2800 '################### BERECHNUNG DES ANFANGSKAPITALS ################+++++
2810 '
2820 CLS
2830 LOCATE  1, 5:PRINT"BERECHNUNG DES ANFANGSKAPITALS"
2840 LOCATE  5, 5:INPUT"ENDKAPITAL ";EK
```

```
2850 LOCATE  6, 5:INPUT"ZINSSATZ PRO PERIODE ";P
2860 LOCATE  7, 5:INPUT"ANZAHL DER PERIODEN PRO JAHR";X
2870 GOSUB 7510
2880 IF J$="J" OR J$="j" THEN GOSUB 7630:GOTO 2900
2890 GOSUB 7560
2900 AK = EK / (((1+(P*.01))^(X*(T/360))))
2910 AK =INT(100*AK+.5)/100
2920 PE = ((((1+P/100)^X-1)*100)
2930 PE=INT(100*PE+.5)/100
2940 LOCATE 18, 5:PRINT"DAS ANFANGSKAPITAL BETRÄGT"AK"DM
2950 LOCATE 20, 5:PRINT"DIES ENTSPRICHT EINEM EFFEKTIVEN JAHRESZINS VON"PE"%
2960 '
2970 '##################### BERECHNUNG DER ZINSPERIODE #####################
2980 '
2990 CLS
3000 LOCATE  1, 5:PRINT"BERECHNUNG DER ZINSPERIODE"
3010 LOCATE  5, 5:INPUT"ANFANGSKAPITAL ";AK
3020 LOCATE  7, 5:INPUT"ENDKAPITAL ";EK
3030 LOCATE  9, 5:INPUT"ZINSSATZ PRO PERIODE";P
3040 LOCATE 11, 5:INPUT"ANZAHL DER PERIODEN PRO JAHR";X
3050 T = (LOG(EK)-LOG(AK))/(X*LOG(1+P/100)):T=INT(T+.5)
3060 UP = T*X
3070 PE = ((((1+P/100)^X-1)*100)
3080 PE=INT(100*PE+.5)/100
3090 LOCATE 18, 5:PRINT"DAS KAPITAL WURDE"T"JAHRE ANGELEGT. DIES SIND"UP"UNTERJÄ
HRLICHE PERIODEN.
3100 LOCATE 20, 5:PRINT"DIES ENTSPRICHT EINEM EFFEKTIVEN JAHRESZINS VON"PE"%
3110 '
3120 '##################### BERECHNUNG DES ZINSSATZES #####################
3130 '
3140 CLS
3150 LOCATE  1, 5:PRINT"BERECHNUNG DES ZINSSATZES
3160 LOCATE  5, 5:INPUT"ANFANGSKAPITAL ";AK
3170 LOCATE  6, 5:INPUT"ENDKAPITAL ";EK
3180 LOCATE  7, 5:INPUT"ANZAHL DER UNTERJÄHRLICHEN PERIODEN ";X
3190 GOSUB 7510
3200 IF J$="J" OR J$="j" THEN GOSUB 7630:GOTO 3220
3210 GOSUB 7560
3220 P = (((EK/AK)^(1/(X*(T/360))))-1)*100
3230 P = INT(100*P+.05)/100
3240 PE = ((((1+P/100)^X-1)*100)
3250 PE=INT(100*PE+.5)/100
3260 LOCATE 18, 5:PRINT"DER ZINSSATZ FÜR EINE UNTERJÄHRLICHE PERIODE BETRÄGT"P"%
"
3270 LOCATE 20, 5:PRINT"DIES ENTSPRICHT EINEM EFFEKTIVEN JAHRESZINS VON"PE"%"
```

1.2.3 Vorschüssige Zinseszinsrechnung

1.2.3.1 Jährlich-vorschüssige Zinseszinsen

Für die Ermittlung des Rückzahlungsbetrages (K_n) einer Geldanlage zu jährlich-vorschüssigen Zinseszinsen gilt:

$$K_n = K_0 \frac{1}{(1-i)^n} = K_0 \frac{1}{\left(1 - \dfrac{p}{100}\right)^n} \qquad (1\text{-}24)$$

Daraus folgt:

$$K_0 = K_n (1-i)^n = K_n \left(1 - \frac{p}{100}\right)^n \qquad (1\text{-}25)$$

$$i = 1 - \sqrt[n]{\frac{K_0}{K_n}}, \quad p = i \cdot 100 \qquad (1\text{-}26)$$

$$n = \frac{\log(K_0) - \log(K_n)}{\log(1-i)} \qquad (1\text{-}27)$$

Statt mit den obigen Formeln lassen sich vorschüssige Zinseszinsrechnungen durch die Einführung eines sogenannten *Ersatzzinsfußes* p' unter Verwendung der Formeln für die nachschüssige Zinseszinsrechnung lösen. Bei formal nachschüssiger Rechnung wird also mit Hilfe des Ersatzzinsfußes das gleiche Ergebnis erreicht wie bei einer vorschüssigen Zinseszinsrechnung. Zugleich entspricht der Ersatzzinsfuß dem Effektivzinsfuß, der ja als Zinsfuß bei nachschüssig-jährlicher Verzinsung definiert wurde.

Für die Ermittlung des Ersatzzinsfußes gilt:

$$p' = \frac{100p'}{100-p} > p \qquad (1\text{-}28)$$

Umgekehrt gilt:

$$p = \frac{100p'}{100+p'} < p' \qquad (1\text{-}29)$$

Beispiel 1.2.3.1-1:

Wie hoch ist der Zinsfuß, zu welchem ein Kapital von 10 000,— DM für 8 Jahre bei vorschüssiger jährlicher Verzinsung zu Zinseszinsen angelegt sein muß, um auf 16 405,04 DM anzuwachsen?

```
BERECHNUNG DES ZINSFAKTORS              Jährlich-vorschüssige Zinseszinsen
------------------------------------------------------------------------
EINGABE:

ANFANGSKAPITAL ? 10000

ENDKAPITAL ? 16405.04

SOLLEN DIE ZINSTAGE BERECHNET WERDEN (J/N)? n

GEBEN SIE JAHRE, MONATE UND TAGE AN? 8,0,0

DIES SIND  2880  ZINSTAGE.

------------------------------------------------------------------------
ERGEBNIS:

Der Zinsfaktor beträgt 6 %

------------------------------------------------------------------------
SOLL EINE WEITERE BERECHNUNG DURCHGEFÜHRT WERDEN (J/N)?
```

Beispiel 1.2.3.1-2:

Wie lange muß ein Kapital von 15 000,— DM zu einem Zinssatz von 7,25 % jährlich vorschüssig angelegt werden, um auf ein Endkapital von 20 000,— DM anzuwachsen?

```
BERECHNUNG DER ZINSPERIODE              Jährlich-vorschüssige Zinseszinsen
------------------------------------------------------------------------
EINGABE:

ANFANGSKAPITAL ? 15000

ENDKAPITAL ? 20000

ZINSFAKTOR ? 7.25


------------------------------------------------------------------------
ERGEBNIS:

DAS KAPITAL WURDE  1376 TAGE VERZINST.

DAS SIND 3 JAHRE, 9 MONATE UND 26 TAGE.


------------------------------------------------------------------------
SOLL EINE WEITERE BERECHNUNG DURCHGEFÜHRT WERDEN (J/N)?
```

Programmlisting 1.2.3.1

```
3290 '######################################################################
3300 '###################### VORSCHÜSSIGE ZINSESZINSRECHNUNG ###############
3310 '######################################################################
3320 '
3330 '
3340 '######################################################################
3350 '##################### JÄHRLICH-VORSCHÜSSIGE ZINSESZINSEN #############
3360 '######################################################################
3370 '
3380 '
3390 '#################### BERECHNUNG DES ENDKAPITALS ######################
3400 '
3410 CLS
3420 LOCATE  1, 5:PRINT"BERECHNUNG DES ENDKAPITALS"
3430 LOCATE  5, 5:INPUT"ANFANGSKAPITAL ";AK
3440 LOCATE  7, 5:INPUT"ZINSSATZ ";P
3450 GOSUB 7510
3460 IF J$="J" OR J$="j" THEN GOSUB 7630:GOTO 3480
3470 GOSUB 7560
3480 EK = AK * (1/(1- .01*P)^(T/360))
3490 EK = INT(100*EK + .5)/100
3500 Z = EK-AK
3510 Z = INT(100*Z + .5)/100
3520 LOCATE 18, 5:PRINT"Das Endkapital beträgt"EK"DM"
3530 LOCATE 20, 5:PRINT"Der Zinsbetrag beträgt"Z"DM"
3540 '
3550 '#################### BERECHNUNG DES ANFANGSKAPITALS #################
3560 '
3570 CLS
3580 LOCATE  1, 5:PRINT"BERECHNUNG DES ANFANGSKAPITALS"
3590 LOCATE  5, 5:INPUT"ENDKAPITAL ";EK
3600 LOCATE  7, 5:INPUT"ZINSSATZ ";P
3610 GOSUB 7510
3620 IF J$="J" OR J$="j" THEN GOSUB 7630:GOTO 3640
3630 GOSUB 7560
3640 AK = EK * (1-.01*P)^(T/360)
3650 AK = INT(100*AK+.5)/100
3660 LOCATE 18, 5:PRINT"DAS ANFANGSKAPITAL BETRÄGT"AK"DM"
3670 '
3680 '#################### BERECHNUNG DES ZINSFAKTORS ####################
3690 '
3700 CLS
3710 LOCATE  1, 5:PRINT"BERECHNUNG DES ZINSFAKTORS"
3720 LOCATE  5, 5:INPUT"ANFANGSKAPITAL ";AK
3730 LOCATE  7, 5:INPUT"ENDKAPITAL ";EK
3740 GOSUB 7510
3750 IF J$="J" OR J$="j" THEN GOSUB 7630:GOTO 3770
3760 GOSUB 7560
3770 P = 1-((AK/EK)   ^(1/(T/360)))
```

```
3780 P  = INT(100*P +.5)
3790 LOCATE 18, 5:PRINT"Der Zinsfaktor beträgt"P"%"
3800 '
3810 '******************** BERECHNUNG DER ZINSPERIODE ********************
3820 '
3830 CLS
3840 LOCATE  1, 5:PRINT"BERECHNUNG DER ZINSPERIODE"
3850 LOCATE  3, 5:PRINT"EINGABE:
3860 LOCATE  5, 5:INPUT"ANFANGSKAPITAL ";AK
3870 LOCATE  7, 5:INPUT"ENDKAPITAL ";EK
3880 LOCATE  9, 5:INPUT"ZINSFAKTOR ";P
3890 T = (LOG(AK)-LOG(EK))/(LOG(1-P*.01))
3900 T = T*360
3910 T = INT(T+.5)
3920 GOSUB 7420
3930 LOCATE 18, 5:PRINT"DAS KAPITAL WURDE "T"TAGE VERZINST."
3940 LOCATE  20, 5:PRINT"DAS SIND"JJ"JAHRE,"MM"MONATE UND"TT"TAGE."
3950 '
```

1.2.3.2 Unterjährlich-vorschüssige Zinseszinsen

Für das Verhältnis des relativen oder periodischen Zinsfußes bei unterjährlicher Verzinsung zum entsprechenden (nominellen) Jahreszinsfuß gelten die Ausführungen im Abschnitt 1.2.2.2 über unterjährlich-nachschüssige Zinseszinsen entsprechend.

Zur Lösung von Zinseszinsrechnungen mit unterjährlicher-vorschüssiger Verzinsung empfiehlt es sich, wie folgt vorzugehen:

a) Ermittlung des effektiven Jahreszinsfußes bei Annahme einer nachschüssigen unterjährlichen Verzinsung nach Formel (1-22).

$$p_e = ((1 + i^*)^m - 1) \cdot 100$$

b) Errechnung des entsprechenden Ersatzzinsfußes. Dabei wird der effektive Jahreszinsfuß bei nachschüssiger unterjährlicher Verzinsung mit Hilfe der Formel (1-28) in den effektiven Jahreszinsfuß bei nominal vorschüssiger unterjährlicher Verzinsung umgerechnet.

$$p' = \frac{100\,p_e}{100 - p_e}$$

Beispiel 1.2.3.2-1:

Auf welches Endkapital wächst eine Kapitalanlage von 8 000,– DM an, wenn sie 4 Jahre lang zu 3 % vorschüssig bzw. nachschüssig fälligen Halbjahreszinsen angelegt ist.

```
BERECHNUNG DES ENDKAPITALS            Unterjährlich-vorschüssige Zinseszinsen
------------------------------------------------------------------------------
EINGABE:

ANFANGSKAPITAL ? 8000
ZINSSATZ PRO PERIODE ? 3
ANZAHL DER PERIODEN PRO JAHR? 2

SOLLEN DIE ZINSTAGE BERECHNET WERDEN (J/N)? n

GEBEN SIE JAHRE, MONATE UND TAGE AN? 4,0,0

DIES SIND  1440  ZINSTAGE.

------------------------------------------------------------------------------
ERGEBNIS:

DAS ENDKAPITAL BETRÄGT 10285.91 DM

DER ZINSBETRAG BETRÄGT 2285.91 DM

EFFEKTIVZINSFUSS BEI VORSCHÜSSIGER VERZINSUNG 6.48 %
------------------------------------------------------------------------------
SOLL EINE WEITERE BERECHNUNG DURCHGEFÜHRT WERDEN (J/N)?
```

Programmlisting 1.2.3.2

```
3960 '###############################################################
3970 '############## UNTERJÄHRLICH VORSCHÜSSIGE ZINSESZINSEN #############
3980 '###############################################################
3990 '
4000 '
4010 '################### BERECHNUNG DES ENDKAPITALS ####################
4020 '
4030 CLS
4040 LOCATE  1, 5:PRINT"BERECHNUNG DES ENDKAPITALS"
4050 LOCATE  5, 5:INPUT"ANFANGSKAPITAL ";AK
4060 LOCATE  6, 5:INPUT"ZINSSATZ PRO PERIODE ";P
4070 LOCATE  7, 5:INPUT"ANZAHL DER PERIODEN PRO JAHR";X
4080 GOSUB 7510
4090 IF J$="J" OR J$="j" THEN GOSUB 7630:GOTO 4130
4100 GOSUB 7560
4110 PE = (((1+P/100)^X)-1)*100
4120 PN = (100*PE)/(100-PE)
4130 EK = AK * (1+PN/100)^(T/360)
4140 EK = INT(100*EK + .5)/100
4150 Z = EK-AK
4160 Z = INT(100*Z + .5)/100 : PN = INT(PN*100+.05)/100
4170 LOCATE 18, 5:PRINT"DAS ENDKAPITAL BETRÄGT"EK"DM"
4180 LOCATE 20, 5:PRINT"DER ZINSBETRAG BETRÄGT"Z"DM"
4190 LOCATE 22, 5:PRINT"EFFEKTIVZINSFUSS BEI VORSCHÜSSIGER VERZINSUNG"PN"%"
4200 '
```

```
4210 '******************** BERECHNUNG DES ANFANGSKAPITALS *****************
4220 '
4230 CLS
4240 LOCATE  1, 5:PRINT"BERECHNUNG DES ANFANGSKAPITALS"
4250 LOCATE  5, 5:INPUT"ENDKAPITAL ";EK
4260 LOCATE  6, 5:INPUT"ZINSSATZ PRO PERIODE ";P
4270 LOCATE  7, 5:INPUT"ANZAHL DER PERIODEN PRO JAHR";X
4280 GOSUB 7510
4290 IF J$="J" OR J$="j" THEN GOSUB 7630:GOTO 4330
4300 GOSUB 7560
4310 PE = (((1+P/100)^X)-1)*100
4320 PN = (100*PE)/(100-PE)
4330 AK = EK / ((1+PN/100)^(T/360))
4340 AK = INT(100*AK + .5)/100 : PN = INT(PN*100+.05)/100
4350 LOCATE 18, 5:PRINT"DAS ANFANGSKAPITAL BETRÄGT"AK"DM"
4360 LOCATE 20, 5:PRINT"EFFEKTIVZINSFUSS BEI NACHSCHÜSSIGER VERZINSUNG"PN"%"
4370 '
4380 '******************** BERECHNUNG DES ZINSFAKTORS ********************
4390 '
4400 CLS
4410 LOCATE  1, 5:PRINT"BERECHNUNG DES ANFANGSKAPITALS"
4420 LOCATE  5, 5:INPUT"ANFANGSKAPITAL ";AK
4430 LOCATE  6, 5:INPUT"ENDKAPITAL ";EK
4440 LOCATE  7, 5:INPUT"ANZAHL DER PERIODEN PRO JAHR";X
4450 GOSUB 7510
4460 IF J$="J" OR J$="j" THEN GOSUB 7630:GOTO 4480
4470 GOSUB 7560
4480 PN = (((EK/AK)^(1/(T/360)))-1)*100
4490 PE = (100*PN)/(100+PN)                 :'Nominal vorschüssige
4500 P  = (((1+PE/100)^(1/X))-1)*100
4510 PN = INT(PN*100+.5)/100
4520 P  = INT(P*100+.5)/100
4530 LOCATE 18, 5:PRINT"EFFEKTIVZINSFUSS BEI VORSCHÜSSIGER VERZINSUNG"PN"%"
4540 LOCATE 20, 5:PRINT"DIES ENTSPRICHT EINEM ZINSSATZ VON"P"% PRO PERIODE"
4550 '
4560 '******************** BERECHNUNG DER ZINSTAGE **********************
4570 '
4580 CLS
4590 LOCATE  1, 5:PRINT"BERECHNUNG DER ZINSPERIODE"
4600 LOCATE  5, 5:INPUT"ANFANGSKAPITAL ";AK
4610 LOCATE  7, 5:INPUT"ENDKAPITAL ";EK
4620 LOCATE  9, 5:INPUT"ZINSFAKTOR ";P
4630 LOCATE 11,5:INPUT"ZINSPERIODEN PRO JAHR";X
4640 PE = (((1+P/100)^X)-1)*100
4650 PN = (100*PE)/(100-PE)
4660 T  = (LOG(EK)-LOG(AK))/(LOG(1+PN/100)):T = T*360:T = INT(T+.5)
4670 GOSUB 7420
4680 LOCATE 18, 5:PRINT"DAS KAPITAL WURDE "T"TAGE VERZINST."
4690 LOCATE 20, 5:PRINT"DAS SIND"JJ"JAHRE,"MM"MONATE UND"TT"TAGE."
4700 '
```

1.2.4 Gemischte Verzinsung

Von *gemischter Verzinsung* wird gesprochen, wenn die Laufzeit einer Kapitalanlage oder Schuld ganze Jahre und Bruchteile eines Jahres umfaßt (z. B. 5 Jahre 8 Monate). Die Laufzeit n ist hier also nicht ganzzahlig. In diesen Fällen werden nur für die vollen Jahre Zinseszinsen verrechnet, für die Jahresbruchteile gelten dagegen einfache Zinsen (deshalb gemischte Verzinsung). Werden die vollen Jahre mit n_1 und die Restlaufzeit (als Bruchteil eines Jahres) mit n_2 bezeichnet, so gilt:

$$K_n = K_0 (1 + i)^{n_1} \cdot (1 + i \cdot n_2) \qquad (1\text{-}30)$$

$$K_0 = \frac{K_n}{(1 + i)^{n_1} \cdot (1 + i \cdot n_2)} \qquad (1\text{-}31)$$

Aufgrund dieser beiden und der anderen in den Abschnitten 1.1 und 1.2 eingeführten Formeln lassen alle einschlägigen Probleme lösen, so daß sich weitere Angaben erübrigen.

Beispiel 1.2.4-1:

Ein Kapital von 650,– DM ist mit 6 % für 2 Jahre und 211 Tage angelegt. Wie hoch ist das Endkapital?

```
BERECHNUNG DES ENDKAPITALS                          Gemischte Verzinsung
-------------------------------------------------------------------------
EINGABE:

ANFANGSKAPITAL ? 650

ZINSSATZ ? 6

SOLLEN DIE ZINSTAGE BERECHNET WERDEN (J/N)? n

GEBEN SIE JAHRE, MONATE UND TAGE AN? 2,0,211

DIES SIND  931  ZINSTAGE.

-------------------------------------------------------------------------
ERGEBNIS:

DAS ENDKAPITAL BETRÄGT 756.02 DM

DER ZINSBETRAG BETRÄGT 106.02 DM


-------------------------------------------------------------------------
SOLL EINE WEITERE BERECHNUNG DURCHGEFÜHRT WERDEN (J/N)?
```

Beispiel 1.2.4-2:

Ein Sparer verlangt nach 6 Jahren und 85 Tagen sein Guthaben von 8743,26 DM zurück, das die ganze Zeit zu 5 % Zinseszinsen (nachschüssig) angelegt war. Wie hoch war das Anfangskapital?

```
BERECHNUNG DES ANFANGSKAPITALS                    Gemischte Verzinsung
---------------------------------------------------------------------
EINGABE:

ENDKAPITAL ? 8743.26

ZINSSATZ ? 5

SOLLEN DIE ZINSTAGE BERECHNET WERDEN (J/N)? n

GEBEN SIE JAHRE, MONATE UND TAGE AN? 6,0,85

DIES SIND  2245  ZINSTAGE.


---------------------------------------------------------------------
ERGEBNIS:


DAS ANFANGSKAPITAL BETRÄGT 6448.23 DM


---------------------------------------------------------------------
SOLL EINE WEITERE BERECHNUNG DURCHGEFÜHRT WERDEN (J/N)?
```

Programmlisting 1.2.4

```
4710 '*****************************************************************
4720 '*                  GEMISCHTE VERZINSUNG                        *
4730 '*****************************************************************
4740 '
4750 '
4760 '****************** BERECHNUNG DES ENDKAPITALS ******************
4770 '
4780 CLS
4790 LOCATE  1, 5:PRINT "BERECHNUNG DES ENDKAPITALS
4800 LOCATE  5, 5:INPUT "ANFANGSKAPITAL ";AK
4810 LOCATE  7, 5:INPUT "ZINSSATZ ";P
4820 GOSUB 7510
4830 IF J$="J" OR J$="j" THEN GOSUB 7630:GOTO 4850
4840 GOSUB 7560
4850 EK = AK *  ((1+P/100)^J)*(1+(P/100*((MM*30+TT)/360)))
4860 EK = INT(100*EK+.05)/100
4870 Z = EK - AK
4880 Z = INT(100*Z+.05)/100
4890 LOCATE 18, 5: PRINT "DAS ENDKAPITAL BETRÄGT"EK"DM"
4900 LOCATE 20, 5: PRINT "DER ZINSBETRAG BETRÄGT"Z"DM"
4910 '
4920 '****************** BERECHNUNG DES ANFANGSKAPITALS ****************
4930 '
4940 CLS
4950 LOCATE 1, 5:PRINT "BERECHNUNG DES ANFANGSKAPITALS
4960 LOCATE 5, 5:INPUT "ENDKAPITAL ";EK
4970 LOCATE 7, 5:INPUT "ZINSSATZ ";P
4980 GOSUB 7510
4990 IF J$="J" OR J$="j" THEN GOSUB 7630:GOTO 5010
```

```
5000 GOSUB 7560
5010 AK = EK /((((1+P/100)^J)*(1+(P/100*((MM*30+TT)/360)))))
5020 AK=INT(100*AK+.05)/100
5030 LOCATE 19, 5:PRINT "DAS ANFANGSKAPITAL BETRÄGT"AK"DM"
5040 '
5050 '********************** BERECHNUNG DER ZINSTAGE ************************
5060 '
5070 CLS
5080 LOCATE  1, 5:PRINT"BERECHNUNG DER ZINSTAGE"
5090 LOCATE  5, 5:INPUT"ANFANGSKAPITAL ";AK
5100 LOCATE  7, 5:INPUT"ENDKAPITAL ";EK
5110 LOCATE  9, 5:INPUT"ZINSSATZ ";P
5120 J =(LOG(EK/AK))/(LOG(1+P/100))
5130 J = INT(J)
5140 T =(((EK/(AK*(1+P/100)^J))-1)/(P/100))*360
5150 J = INT(J)
5160 T = INT(T+.5)
5170 LOCATE 20, 5:PRINT"DAS KAPITAL WURDE "J" JAHRE UND "T" TAGE VERZINST.
5180 '
5190 '********************** BERECHNUNG DES ZINSSATZES **********************
5200 '
5210 CLS
5220 LOCATE  1, 5:PRINT"BERECHNUNG DER ZINSSATZES"
5230 LOCATE  5, 5:INPUT"ANFANGSKAPITAL ";AK
5240 LOCATE  6, 5:INPUT"STARTWERT";X
5250 LOCATE  7, 5:INPUT"ENDKAPITAL ";EK
5260 GOSUB 7510
5270 IF J$="J" OR J$="j" THEN GOSUB 7630:GOTO 5290
5280 GOSUB 7560
5290 GOSUB 5460
5300 '
5310 '************************** ITERARTION **************************
5320 '
5330 IF (EK-LS) > 0 THEN 5360
5340 IF (EK-LS) < 0 THEN 5400
5350 GOSUB 5460
5360 IF (EK-LS) < .00001 THEN 5520
5370 X = X + .005
5380 GOTO 5350
5390 GOSUB 5460
5400 IF (LS-EK) < .00001 THEN 5520
5410 X = X - .005
5420 GOTO 5390
5430 '
5440 '-------------------------- UNTERPROGRAMM ----------------------
5450 '
5460 LS = AK*((1+X/100)^J)*(1+(X/100*((MM*30+TT)/360)))
5470 LOCATE 15,33:PRINT"Bitte Warten"
5480 RETURN
5490 '
5500 '---------------------------------------------------------------
5510 '
```

```
5520 X = INT(100*X+.05)/100
5530 LOCATE 18, 5:PRINT"DER ZINSSATZ BETRÄGT "X"%"
5540 '
5550 '###########################################################################
5560 '#                     ANWENDUNGSBEISPIELE                                  #
5570 '###########################################################################
5580 '
5590 '
```

Beispiel 1.2.4-3:

Ein Sparer legt ein Anfangskapital von 9 000,– DM für 4 Jahre, 3 Monate und 10 Tage fest und erhält danach ein Kapital von 13 000,– DM. Wie hoch war der Zinssatz? (Hinweis: Das Programm errechnet nach einem vorher eingegebenem Zinssatz, z.B. 7 %, iterativ den tatsächlichen Zinssatz aus).

```
BERECHNUNG DER ZINSSATZES                              Gemischte Verzinsung
----------------------------------------------------------------------------
EINGABE:

ANFANGSKAPITAL ? 9000
STARTWERT? 7
ENDKAPITAL ? 13000

SOLLEN DIE ZINSTAGE BERECHNET WERDEN (J/N)? n

GEBEN SIE JAHRE, MONATE UND TAGE AN? 4,3,10

DIES SIND  1540  ZINSTAGE.

----------------------------------------------------------------------------
ERGEBNIS:

DER ZINSSATZ BETRÄGT  8.96 %


----------------------------------------------------------------------------
SOLL EINE WEITERE BERECHNUNG DURCHGEFÜHRT WERDEN (J/N)?
```

1.2.5 Anwendungsbeispiele

1.2.5.1 Bundesschatzbriefe

Diese Papiere werden meist in einer der folgenden Formen angeboten:

a) Mit jährlich nachschüssiger Verzinsung bei jährlich steigendem Zinsfuß. Die Zinsen werden dabei entweder

   a1) jährlich (meist zum 30.6. oder 31.12.) ausgezahlt oder

   a2) bis zum Ende der Laufzeit angesammelt und dann zusammen mit dem Kaufpreis ausgezahlt.

   Dem Fall „a1" entsprechen z.B. die Bundesschatzbriefe vom Typ A, dem Fall „a2" die Bundesschatzbriefe vom Typ B.

b) Mit jährlich nachschüssiger, gleichbleibender Verzinsung. Am Ende der Laufzeit wird dabei der Nominalwert zurückbezahlt, der zur Ermittlung des Kaufpreises entsprechend abgezinst werden muß.

Eine Besonderheit weisen die meisten dieser Papiere noch insofern auf, als die Zinsen, welche zwischen dem Ausgabetag und dem Tag des Kaufes aufgelaufen sind, dem Kaufpreis zugeschlagen werden. Dadurch ergibt sich bei diesen sogenannten Spätkäufen eine günstigere Rendite als im Normalfall.

Beispiel 1.2.5.1-1:

Ein Bundesschatzbrief vom Typ A erbringt in den 6 Jahren seiner Laufzeit folgende Verzinsung: 5,5 %; 8 %; 8,25 %; 8,5 %; 8,5 % und 9 %. Ausgabekurs und Rückzahlungskurs = 100 %. Wie hoch ist die Effektivverzinsung?

Lösungshinweis: Wird der Rückzahlungskurs mit R, der Ausgabekurs mit C, der Jahreszinssatz mit p_1 bis p_6, der Effektivzinssatz mit p_e und der entsprechende Aufzinsungsfaktor mit q_e bezeichnet, so gilt für die einzelnen Jahre der Laufzeit folgendes:

1. Jahr: 2. Jahr: 3. Jahr:

$$C = \frac{p_1}{p_e} + \frac{R}{q_e}$$

$$C = \frac{p_1}{q_e} + \frac{p_2}{q_e^2} + \frac{R}{q_e^2}$$

$$C = \frac{p_1}{q_e} + \frac{p_2}{q_e^2} + \frac{p_3}{q_e^3} + \frac{R}{q_e^2}$$

n. Jahr:

$$C = \frac{p_1}{q_e} + \frac{p_2}{q_e^2} + \frac{p_3}{q_e^3} + \ldots + \frac{p_{n-1}}{q_e^{n-1}} + \frac{p_n}{q_e^n} + \frac{R}{q_e^n} \tag{1-32}$$

Die Formel besagt, daß der Effektivzinsfuß p_e über q_e durch schrittweise Annäherung (Iteration) ermittelt werden muß. Die Iteration ist so lange fortzuführen, bis ein q_e gefunden wurde, bei welchem C die vorgegebene Höhe annimmt.

```
BERECHNUNG DER EFFEKTIVVERZINSUNG                    Bundesschatzbrief vom Typ A
--------------------------------------------------------------------------------
EINGABE:

AUSGABEKURS ? 100

RÜCKZAHLUNGSKURS ? 100

ZINSSÄTZE (ENDE MIT 0):
EINGABE DER 1 . VERZINSUNG ? 5.5
EINGABE DER 2 . VERZINSUNG ? 8
EINGABE DER 3 . VERZINSUNG ? 8.25
EINGABE DER 4 . VERZINSUNG ? 8.5
EINGABE DER 5 . VERZINSUNG ? 8.5
EINGABE DER 6 . VERZINSUNG ? 9
EINGABE DER 7 . VERZINSUNG ? 0


--------------------------------------------------------------------------------
ERGEBNIS:

DER EFFEKTIVZINSSATZ BETRÄGT 7.83 %
--------------------------------------------------------------------------------
SOLL EINE WEITERE BERECHNUNG DURCHGEFÜHRT WERDEN (J/N)?
```

Programmlisting 1.2.5.1

```
5600 '****************************************************************************
5610 '******************* BUNDESSCHATZBRIEFE ****************************
5620 '****************************************************************************
5630 '
5640 '
5650 '********************* EINGABE *******************************
5660 '
5670 CLS
5680 LOCATE  1, 5:PRINT"BERECHNUNG DER EFFEKTIVVERZINSUNG"
5690 LOCATE  1,53:COLOR 0,7:PRINT"Bundesschatzbrief vom Typ A":COLOR 7,0
5700 LOCATE 3, 5:PRINT"EINGABE:
5710 LOCATE 5, 5:INPUT"AUSGABEKURS ";C
5720 LOCATE 7, 5:INPUT"RÜCKZAHLUNGSKURS ";R
5730 LOCATE 9, 5:PRINT"ZINSSÄTZE (ENDE MIT 0):"
5740 FOR I = 1 TO 100
5750 PRINT"    EINGABE DER";I;". VERZINSUNG ";
5760 INPUT P(I)
5770 IF P(I) = 0 THEN 5820
5780 NEXT I
5790 '
5800 '********************* BERECHNUNG ***************************
5810 '
5820 N = I-1
5830 FOR J = 1 TO N
5840 XX = XX + P(J)
5850 X = XX/N
5860 NEXT J
5870 '----------------------- ITERATION -----------------------------
5880 GOSUB 5990
5890 IF (C1-C) > 0 THEN 5930
5900 IF (C1-C) < 0 THEN 5970
5910 GOSUB 5990
5920 IF (C1-C) < .00001 THEN 6120
5930 X = X + .005
5940 GOTO 5910
5950 GOSUB  5990
5960 IF (C-C1) < .00001 THEN 6120
5970 X = X - .005
5980 GOTO 5950
5990 '----------------------- UNTERPROGRAMM -----------------------
6000 CC=0:C1=0
6010 Q = 1+X/100
6020 '
6030 FOR J = 1 TO N
6040 S(J) = P(J) / Q^J
6050   CC = CC + S(J)
6060 NEXT J
6070 C1 =CC + R/(Q^N)
6080 RETURN
6090 '
```

```
6100 '############################ AUSGABE ####################################
6110 '
6120 PRINT:PRINT
6130 PRINT"      ------------------------------------------------------------
--------"
6140 PRINT"    ERGEBNIS:
6150 PRINT
6160 X=INT(X*100+.5)/100
6170 PRINT"    DER EFFEKTIVZINSSATZ BETRÄGT"X"%"
6180 IF J$="J" OR J$="j" GOTO 5670  ELSE GOTO 5560
6190 '
```

1.2.5.2 Festgeldanlagen

Als sogenannte Festgeldanlagen nehmen Kreditinstitute größere Geldanlagen (i.d.R. ab 5 000,– DM) für einen fest umrissenen Zeitraum, der selten unter 30 Tagen liegt und 180 Tage kaum überschreitet, zu einem zu vereinbarenden Zinsfuß entgegen. Die Zinsgutschrift erfolgt am Ende der abgemachten Laufzeit. Wiederanlagen einschließlich der Zinsen der vorherigen Anlagen sind möglich. Zur Berechnung des Endkapitals werden die Formeln für die einfache, unterjährliche Verzinsung herangezogen (s. Abschnitt 1.1.2). Der Effektivzinsfuß errechnet sich aus den Einzel-Effektivzinsfüßen, die entsprechend der Laufzeit gewichtet werden.

Beispiel 1.2.5.2-1:

Von einem Unternehmen werden 50 000,– DM für 90 Tage zu 8 % Festgeld angelegt. Nach Ablauf dieser Frist wird das Kapital einschließlich der Zinsen aus der ersten Anlage erneut zu 8 % angelegt, aber nur noch für 60 Tage

a) Wie hoch ist das Endkapital?

b) Wie hoch ist die Effektivverzinsung?

```
BERECHNUNG VON ENDKAPITAL UND EFFEKTIVVERZINSUNG            Festgeldanlage
----------------------------------------------------------------------------
EINGABE:

ANFANGSKAPITAL ?   50000

ZINSSATZ ? 8

WIE OFT WIRD DAS KAPITAL ANGELEGT ? 2
DAUER DER 1 . ZINSPERIODE (IN TAGEN) ? 90
DAUER DER 2 . ZINSPERIODE (IN TAGEN) ? 60


----------------------------------------------------------------------------
ERGEBNIS:

DAS ENDKAPITAL BETRÄGT 51680 DM

DER EFFIKTIVE ZINSSATZ BETRÄGT 8.25 %


----------------------------------------------------------------------------
SOLL EINE WEITERE BERECHNUNG DURCHGEFÜHRT WERDEN (J/N)?
```

Programmlisting 1.2.5.2

```
6200 '################################################################
6210 '###################### FESTGELDANLAGEN ########################
6220 '################################################################
6230 '
6240 '###################### EINGABE ################################
6250 '
6260 CLS
6270 LOCATE  1, 5:PRINT"BERECHNUNG VON ENDKAPITAL UND EFFEKTIVVERZINSUNG"
6280 LOCATE  1,66:COLOR 0,7:PRINT"Festgeldanlage":COLOR 7,0
6290 LOCATE  5, 5:INPUT"ANFANGSKAPITAL ";AK
6300 LOCATE  7, 5:INPUT"ZINSSATZ ";P
6310 LOCATE  9, 5:INPUT"WIE OFT WIRD DAS KAPITAL ANGELEGT ";N
6320 FOR I = 1 TO N
6330 PRINT"    DAUER DER"I". ZINSPERIODE (IN TAGEN) ";
6340 INPUT T(I)
6350 NEXT I
6360 '
6370 '###################### BERECHNUNG ############################
6380 '
6390 R = 1
6400 FOR I = 1 TO N
6410 R(I)  = 1+(T(I)/360*(P/100))
6420 R     = R  * R(I)
6430 PE(I) = (R(I)^(360/T(I))-1)*100
6440 P(I)  = PE(I) * T(I)
6450 PS    = PS + P(I)
6460 TS    = TS + T(I)
6470 NEXT I
6480 Z     = PS/TS   : Z = INT(Z*100+.5)/100
6490 EK    = AK * R  : EK= INT(EK*100+.5)/100
6500 '
6510 '###################### AUSGABE ###############################
6520 '
6530 PRINT:PRINT:PRINT
6540 PRINT"   --------------------------------------------------------
     ---------"
6550 PRINT"    ERGEBNIS:
6560 PRINT
6570 PRINT"    DAS ENDKAPITAL BETRÄGT";EK;"DM
6580 PRINT
6590 PRINT"    DER EFFIKTIVE ZINSSATZ BETRÄGT";Z;"%
6600 IF J$="J" OR J$="j" GOTO 6260 ELSE GOTO 5560
6610 '
```

1.2.5.3 Überziehungskredit (Gehaltskonto)

Lohn- und Gehaltskonten können häufig um zwei Monatsgehälter oder mehr überzogen werden. Der Zinsfuß wird dabei pro Jahr (nachschüssig) angegeben. Die Zinsbelastung erfolgt aber vierteljährlich, so daß Nominal- und Effektivverzinsung verschieden sind.

Beispiel 1.2.5.3-1

Ein Gehaltskonto kann zu einem Zinsfuß von 12 % überzogen werden. Die Zinsbelastung erfolgt vierteljährlich. Wie hoch ist die Effektivverzinsung und die jährliche Zinsbelastung?

```
BERECHNUNG DER EFFEKTIVVERZINSUNG                              ÜBERZIEHUNGSKREDIT
------------------------------------------------------------------------------
EINGABE:

HöHE DES üBERZIEHUNGSBETRAGES ? 100
ZINSSATZ (JÄHRLICH) ? 12
ANZAHL DER ZINSBELASTUNGEN PRO JAHR ? 4

SOLLEN DIE ZINSTAGE BERECHNET WERDEN (J/N)? n

GEBEN SIE JAHRE, MONATE UND TAGE AN? 1,0,0

DIES SIND  360  ZINSTAGE.

------------------------------------------------------------------------------
ERGEBNIS:

DER EFFEKTIVZINS BETRÄGT 12.55 %

DER ZINSBETRAG BETRÄGT 57.35 DM


------------------------------------------------------------------------------
SOLL EINE WEITERE BERECHNUNG DURCHGEFüHRT WERDEN (J/N)?
```

Programmlisting 1.2.5.3

```
6620 '##########################################################################
6630 '##################### ÜBERZIEHUNGSKREDIT #################################
6640 '##########################################################################
6650 '
6660 '######################### EINGABE ########################################
6670 '
6680 CLS
6690 LOCATE  1, 5:PRINT"BERECHNUNG DER EFFEKTIVVERZINSUNG"
6700 LOCATE 1,62:COLOR 0,7:PRINT"ÜBERZIEHUNGSKREDIT":COLOR 7,0
6710 LOCATE  5, 5:INPUT"HöHE DES üBERZIEHUNGSBETRAGES ";AK
6720 LOCATE  6, 5:INPUT"ZINSSATZ (JÄHRLICH) ";P
6730 LOCATE  7, 5:INPUT"ANZAHL DER ZINSBELASTUNGEN PRO JAHR ";X
6740 GOSUB 7510
6750 IF J$="J" OR J$="j" THEN GOSUB 7630:GOTO 6800
6760 GOSUB 7560
6770 '
6780 '##################### BERECHNUNG #########################################
6790 '
6800 PE=(((1+P/X/100)^X-1)*100):PE=INT(PE*100+.5)/100
6810 EK = AK *(((1+(P*.01))^(X*(T/360))))
6820 Z=EK-AK : Z=INT(Z*100+.5)/100
6830 '
```

```
6840 '########################### AUSGABE ###################################
6850 '
6860 LOCATE 18, 5:PRINT"DER EFFEKTIVZINS BETRÄGT"PE"%
6870 LOCATE 20, 5:PRINT"DER ZINSBETRAG BETRÄGT"Z"DM
6880 IF J$="J" OR J$="j" GOTO 6620 ELSE GOTO 5560
6890 '
```

1.2.5.4 Festdarlehen

Hierunter sind Darlehen zu verstehen, die regelmäßig zu verzinsen sind, wobei die Rückzahlung in einem Betrag zum Endtermin zu erfolgen hat.

Die Ermittlung der Effektivverzinsung einer Festschuld, deren Auszahlung unter 100 % liegt, kann zunächst nach einem vereinfachten (ohne Berücksichtigung von Zinseszinsen) und deshalb ungenauen, vielfach aber von den Banken eingesetzten Verfahren, erfolgen. Die entsprechende Formel (*Bankenformel*) lautet:

$$p_e = \frac{100p}{C} + \frac{100 - C}{n} \qquad (1\text{-}33)$$

Dabei steht C für den Auszahlungskurs.

Unter Berücksichtigung von Zinseszinsen ist die Rechnung in einem iterativen Verfahren durchzuführen. Dabei muß derjenige Zinssatz durch Probieren gefunden werden, bei dessen Anwendung der Barwert der zu zahlenden Zinsen und des Rückzahlungskurses dem Auszahlungskurs entspricht. Damit ist der Effektivzinsfuß gefunden. Die entsprechende Formel lautet:

$$C = \frac{p(q_e^n - 1)}{q_e^n(q_e - 1)} + \frac{100}{q_e^n} \qquad (1\text{-}34)$$

Beispiel 1.2.5.4-1:

Ein Kaufmann soll einen Kredit von 25 000,– DM in einem Betrag nach 8 Jahren zurückzahlen. Der vereinbarte Zinssatz beträgt 7 %. Die Zinsen sind jährlich fällig.

a) Wie hoch sind die insgesamt zu bezahlenden Zinsen?

b) Wie hoch ist die Effektivverzinsung?

c) Wie hoch wäre die Effektivverzinsung bei halbjährlicher Fälligkeit der Zinsen?

d) Wie hoch wäre die Effektivverzinsung bei halbjährlicher Fälligkeit der Zinsen und einer Kreditauszahlung von 98 %?

```
BERECHNUNG VON ENDKAPITAL UND EFFEKTIVVERZINSUNG              Festdarlehen
--------------------------------------------------------------------------
EINGABE:

KREDITBETRAG ? 25000
AUSZAHLUNGKURS ? 98
ZINSSATZ ? 7
ANZAHL DER ZINSTERMINE PRO JAHR ? 2
SOLLEN DIE ZINSTAGE BERECHNET WERDEN (J/N)? n

GEBEN SIE JAHRE, MONATE UND TAGE AN? 8,0,0

DIES SIND  2880  ZINSTAGE.

--------------------------------------------------------------------------
ERGEBNIS:

ZINSBETRAG NACH 8 JAHREN: 14000 DM

EFFEKTIVZINSSATZ NACH DER BANKENFORMEL: 7.39 %

EFFEKTIVZINSSATZ NACH ITERATION:        7.47 %
--------------------------------------------------------------------------
SOLL EINE WEITERE BERECHNUNG DURCHGEFÜHRT WERDEN (J/N)?
```

Programmlisting 1.2.5.4

```
6900 '######################################################################
6910 '######################## FESTDARLEHEN ################################
6920 '######################################################################
6930 '
6940 '
6950 '###################### EINGABE ######################################
6960 '
6970 CLS
6980 LOCATE  1, 5:PRINT"BERECHNUNG VON ENDKAPITAL UND EFFEKTIVVERZINSUNG"
6990 LOCATE  1,68:COLOR 0,7:PRINT"Festdarlehen":COLOR 7,0
7000 LOCATE  5, 5:INPUT"KREDITBETRAG ";AK
7010 LOCATE  6, 5:INPUT"AUSZAHLUNGKURS ";C
7020 LOCATE  7, 5:INPUT"ZINSSATZ ";P
7030 LOCATE  8, 5:INPUT"ANZAHL DER ZINSTERMINE PRO JAHR ";M
7040 LOCATE  9, 5:INPUT"SOLLEN DIE ZINSTAGE BERECHNET WERDEN (J/N)";J$
7050 IF J$="J" OR J$="j" THEN GOSUB 7630:GOTO 7110
7060 GOSUB 7560
7070 '
7080 '##################### BERECHNUNG ###########################
7090 '
7100 Z = AK * (P/100) * (T/360)
7110 P1 = (((100*P/M)/C)+((100-C)/(T/360*M)))*2 : P1 = INT(P1*100+.5)/100
7120 '
```

```
7130 '------------------------ ITERATION --------------------------
7140 '
7150 X=P
7160 GOSUB 7280
7170 IF (C1-C) > 0 THEN  7200
7180 IF (C1-C) < 0 THEN  7240
7190 GOSUB 7280
7200 IF (C1-C) < .00001 THEN 7360
7210 X = X + .01
7220 GOTO 7190
7230 GOSUB 7280
7240 IF (C-C1) < .00001 THEN 7360
7250 X = X - .01
7260 GOTO 7230
7270 '
7280 '----------------------- UNTERPROGRAMM -------------------------
7290 '
7300 Q = 1+X/100/2 : N = (T/360)*M
7310 C1= (((P/M)*((Q^N)-1))/((Q^N)*(Q-1)))+ (100/(Q^N))
7320 RETURN
7330 '
7340 '************************ AUSGABE ******************************
7350 '
7360 P2 = (((1+X/2/100)^M)-1)*100 : P2 =INT(P2*100+.5)/100
7370 LOCATE 18, 5:PRINT"ZINSBETRAG NACH";T/360;"JAHREN:";Z;"DM
7380 LOCATE 20, 5:PRINT"EFFEKTIVZINSSATZ NACH DER BANKENFORMEL:";P1;"%
7390 LOCATE 22, 5:PRINT"EFFEKTIVZINSSATZ NACH ITERATION:       ";P2;"%
7400 IF J$="J" OR J$="j" GOTO 6900 ELSE GOTO 5560
7410 '
7420 '**********************************************************************
7430 '********************** UNTERPROGRAMMME ******************************
7440 '**********************************************************************
7450 '
7460 '----------- UMWANDLUNG DER TAGE IN JAHRE, MONATE, TAGE ---------------
7470 J = T / 360 : JJ = INT(J)
7480 M = T - (JJ*360) : M1 = M / 30 : MM = INT(M1)
7490 T1 = M - (MM*30)               : TT = INT(T1+.5)
7500 RETURN
7510 '-------- UNTERPROGRAMM "SOLLEN DIE ZINSTAGE.... ---------------------
7520 LOCATE  9, 5:INPUT "SOLLEN DIE ZINSTAGE BERECHNET WERDEN (J/N)";J$
7530 RETURN
7540 '
7550 '
7560 '----------- BERECHNUNG DER ZINSTAGE --------------------------------
7570 '
7580 LOCATE 11, 5:INPUT "GEBEN SIE JAHRE, MONATE UND TAGE AN";J,MM,TT
7590 T = (J*360) + (MM*30) + TT
7600 LOCATE 13, 5:PRINT "DIES SIND ";T;" ZINSTAGE."
7610 RETURN
7620 '
```

```
7630 '------------ BERECHNUNG DER ZWISCHEN ZWEI DATEN LIEGENDEN TAGE --------
7640 '
7650 LOCATE 11, 5:INPUT "TAG DER EINZAHLUNG (TT,MM,JJJJ)";T,M,J
7660 GOSUB 7740
7670 C1=C
7680 LOCATE 12, 5:INPUT "TAG DER AUSZAHLUNG (TT,MM,JJJJ)";T,M,J
7690 GOSUB 7740
7700 C2=C
7710 PRINT
7720 LET T =C2-C1
7730 LOCATE 14, 5:PRINT "ZWISCHEN DEN BEIDEN TAGEN LIEGEN ";T;" ZINSTAGE"
7740 A=J:B=100
7750 J1=INT(J/100)
7760 GOSUB 7900:J2=F
7770 N=0
7780 N=2
7790 IF J2=0 THEN 7880
7800 A=J2:B=4
7810 GOSUB 7900:R=F
7820 IF R < > 0 THEN 7880
7830 GOTO 7870
7840 A=J1:B=4
7850 GOSUB 7900
7860 IF F < > 0 THEN 7880
7870 N=1
7880 C = INT(360*J2) + INT(30*M) + T
7890 RETURN
7900 F=A-B * INT(A/B)
7910 RETURN
```

2 Rentenrechnung

Von einer Rente wird dann gesprochen, wenn Zahlungen in vorbestimmter Höhe regelmäßig wiederkehrend anfallen. Dabei stehen zwei Fragen im Vordergrund:

a) Welchen Wert haben bestimmte zukünftige Rentenzahlungen in der Gegenwart (*Barwert einer Rente*)?

b) Welchen Wert haben Rentenzahlungen, die in einem genau umrissenen Zeitraum geleistet werden, zu einem ganz bestimmten in der Zukunft liegenden Zeitpunkt (*Endwert einer Rente*)?

Vereinbarungen über die Zahlung von Renten können sehr unterschiedlich ausgestaltet werden. Im einzelnen sind folgende Variationsmöglichkeiten zu unterscheiden:

a) Renten mit zeitlich begrenzter Laufzeit (endliche Renten) und Renten mit unbegrenzter Laufzeit (ewige Renten).

b) Die Perioden der Rentenzahlung können verschieden sein. Es ist insbesondere zu unterscheiden zwischen jährlicher und unterjährlicher (vierteljährlich, halbjährlich usw.) Rentenzahlung.

c) Sind die Rentenzahlungen zu Beginn einer Periode fällig, so wird von vorschüssigen Renten gesprochen

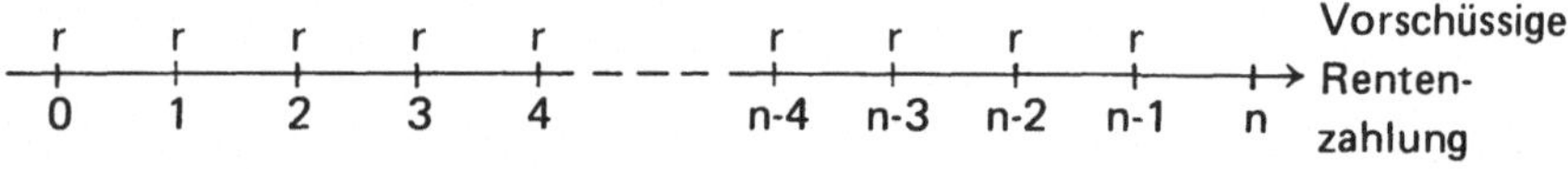

Liegt die Fälligkeit der Rentezahlung dagegen am Ende einer Periode, so liegt eine nachschüssige Rente vor.

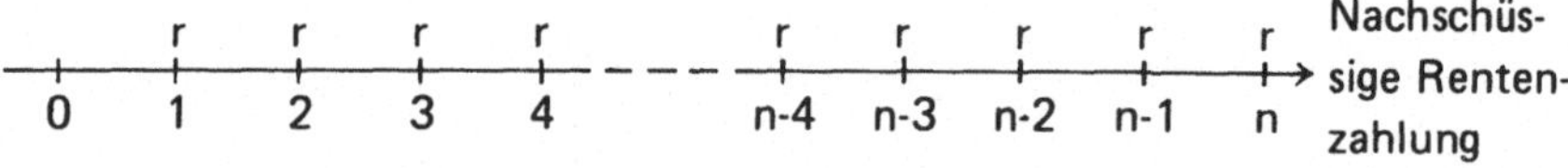

d) Die Rentenraten können jährlich oder unterjährlich verzinst werden.

e) Renten- und Zinsperioden können übereinstimmen oder auseinanderfallen.
Beispiele: Jährliche Verzinsung bei jährlicher Rentenzahlung oder jährliche Verzinsung und monatliche Rentenzahlung.

f) Die Verzinsung kann vorschüssig oder nachschüssig, einfach oder auf der Basis von Zinseszinsen erfolgen.

g) Schließlich können Renten aufgeschoben, abgebrochen oder unterbrochen werden.

Aus diesen verschiedenen Gestaltungsmöglichkeiten der Elemente einer Rente ergeben sich eine Vielzahl von denkbaren Kombinationen, die hier unmöglich alle behandelt werden können. Die Diskussion muß deshalb weitgehend auf die folgenden, für die Praxis in erster Linie relevanten Fälle beschränkt werden:

a) *Endliche Renten* mit nachschüssiger oder vorschüssiger Rentezahlung, die jeweils jährliche oder unterjährlich erfolgen kann.

b) *Ewige Renten* bei nachschüssiger oder vorschüssiger Rentenzahlung.

c) Spezielle Rentenformen, wie *aufgeschobene, abgebrochene* und *unterbrochene* Renten.

Für die Berechnung des jeweiligen Effektivzinsfußes werden die Formeln aus der Zinsrechnung herangezogen (s. Abschnitt 1.1 und 1.2).

Schließlich ist noch darauf hinzuweisen, daß eine vorschüssige und/oder unterjährliche Verzinsung von Renten zumindest in Deutschland nicht üblich ist.

Folgende Symbole sind für die Rentenrechnung neu einzuführen:

Symbole	Bedeutung
r	Konstante Rentenrate
R_n	Endwert einer Rente (Wert der Rentenraten plus Zinseszinsen am Ende der Laufzeit)
R_0	Barwert einer Rente (Wert der auf den Beginn der Rentenlaufzeit abgezinsten Rentenraten)
n	Zahl der Rentenperioden in Jahren (entspricht dem n der Zinsrechnung)

2.1 Nachschüssige Renten

Von nachschüssigen Renten wird gesprochen, wenn, wie in Abschnitt 1 (S. 14) dargelegt, die Ratenzahlungen am Ende der jeweiligen Periode fällig sind.

2.1.1 Jährlich-nachschüssige Rentenzahlung

Für die Ermittlung von Barwert, Endwert, Rentenrate und Laufzeit derartiger Renten gilt:

$$R_n = r \cdot \frac{q^n - 1}{q - 1} \tag{2-1}$$

$$R_0 = \frac{r}{q^n} \cdot \frac{q^n - 1}{q - 1} = \frac{R_n}{q^n} \tag{2-2}$$

$$\frac{q^n - 1}{q^n(q - 1)} = \text{Nachschüssiger Rentenbarwertfaktor}$$

$$r = R_n \cdot \frac{q - 1}{q^n - 1} = R_0 \cdot q^n \cdot \frac{q - 1}{q^n - 1} \tag{2-3}$$

$$n = \frac{\log\left(-\dfrac{\frac{1}{R_0(q-1)}}{r} + 1\right)}{\log(q)} = \frac{\log\left(\dfrac{R_n(q-1)}{r} + 1\right)}{\log(q)} \tag{2-4}$$

Die Auflösung der Rentenformel nach p und i für mehrere Perioden führt zu Gleichungen höheren Grades, die durch ein spezielles Iterationsprogramm gelöst werden. Dieses Interationsprogramm wird bei allen ähnlichen Problemen eingesetzt.

Bei einer jährlich-nachschüssigen Rentenzahlung sind Nominal- und Effektivzinsfuß identisch.

Beispiel 2.1.1-1:

Ein Rentner will sein Haus gegen eine 12 Jahre lang jährlich nachschüssige zahlbare Rente verkaufen. Der Endwert der Rente soll bei einem Zinsfuß von 7 % 250 000,— DM betragen.

a) Wie hoch muß die jährliche Rente sein?

b) Welchen Barwert hat diese Rente?

c) Wie groß ist der Zinssatz, wenn das Haus einen Rentenendwert von 260 000,— DM besitzt, Rentendauer und Rentenrate gleichbleiben?

```
BERECHNUNG DER RENTENRATE                Jährlich-nachschüssige Rentenzahlung
------------------------------------------------------------------------------
EINGABE:

BARWERT ?

ENDWERT ? 250000

ZINSSATZ ? 7

ANZAHL DER RENTENPERIODEN ? 12

------------------------------------------------------------------------------
ERGEBNIS:

DIE JÄHRLICHE RENTENRATE BETRÄGT 13975.49 DM

------------------------------------------------------------------------------
SOLL EINE WEITERE BERECHNUNG DURCHGEFÜHRT WERDEN (J/N)?
```

a)

```
BERECHNUNG DES BARWERTES               Jährlich-nachschüssige Rentenzahlung
------------------------------------------------------------------------------
EINGABE:

ENDWERT ?

RENTENRATE ? 13975.5

ZINSFUSS ? 7

ANZAHL DER RENTENPERIODEN ? 12

------------------------------------------------------------------------------
ERGEBNIS:

DER BARWERT DER RENTE BETRÄGT 111003 DM

------------------------------------------------------------------------------
SOLL EINE WEITERE BERECHNUNG DURCHGEFÜHRT WERDEN (J/N)?
```

b)

```
BERECHNUNG DES ZINSSATZES            Jährlich-nachschüssige Rentenzahlung
------------------------------------------------------------------------
EINGABE:

BARWERT ?

ENDWERT ? 260000

JÄHRLICHE RENTENRATE ? 13975.5

ANZAHL DER RENTENPERIODEN ? 12

STARTWERT ? 8
------------------------------------------------------------------------
ERGEBNIS:

DER ZINSSATZ BETRÄGT 7.66 %
------------------------------------------------------------------------
SOLL EINE WEITERE BERECHNUNG DURCHGEFÜHRT WERDEN (J/N)?
```

c)

Programmlisting 2.1.1

```
10 '
20 '################################################################
30 '#              NACHSCHÜSSIGE RENTEN                           #
40 '################################################################
50 '
60 '
70 '################################################################
80 '################## JÄHRLICH-NACHSCHÜSSIGE RENTENRECHNUNG #########
90 '################################################################
100 '
110 '
120 '################### BERECHNUNG DER RENTENRATE ####################
130 '
140 CLS
150 LOCATE  1, 5:PRINT"BERECHNUNG DER RENTENRATE"
160 LOCATE  5, 5:INPUT"BARWERT ";R0
170 LOCATE  7, 5:INPUT"ENDWERT ";RN
180 LOCATE  9, 5:INPUT"ZINSSATZ ";P
190 LOCATE 11, 5:INPUT"ANZAHL DER RENTENPERIODEN ";N
200 Q = 1+P/100
210 IF RN <> 0 GOTO 240  ELSE GOTO 220
220 R = R0 * Q^N * (Q-1)/(Q^N-1)        :'Rentenrate wenn Barwert bekannt
230 GOTO 250
240 R = RN * (Q-1)/(Q^N-1)              :'Rentenrate wenn Endwert bekannt
250 R = INT(R#100+.5)/100
260 LOCATE 18, 5:PRINT"DIE JÄHRLICHE RENTENRATE BETRÄGT";R;"DM
270 '
```

```
280 '******************** BERECHNUNG DES ENDWERTES ********************
290 '
300 CLS
310 LOCATE  1, 5:PRINT"BERECHNUNG DES ENDWERTES"
320 LOCATE  5, 5:INPUT"RENTENRATE ";R
330 LOCATE  7, 5:INPUT"BARWERT ";RO
340 LOCATE  9, 5:INPUT"ZINSSATZ ";P
350 LOCATE 11, 5:INPUT"ANZAHL DER RENTENPERIODEN ";N
360 Q=1+P/100
370 IF R <> 0 GOTO 380 ELSE GOTO 400
380 RN = R*(Q^N-1)/(Q-1)                      :'Endwert wenn Rentenrate bekannt
390 GOTO 410
400 RN = RO*Q^N*(Q-1)/(Q^N-1)*(Q^N-1)/(Q-1) :'Endwert wenn Barwert bekannt
410 RN = INT(RN*100+.5)/100
420 LOCATE 18, 5:PRINT"DER ENDWERT DER RENTE BETRÄGT";RN;"DM
430 '
440 '******************** BERECHNUNG DES BARWERTES ********************
450 '
460 CLS
470 LOCATE  1, 5:PRINT"BERECHNUNG DES BARWERTES"
480 LOCATE  5, 5:INPUT"ENDWERT ";RN
490 LOCATE  7, 5:INPUT"RENTENRATE ";R
500 LOCATE  9, 5:INPUT"ZINSFUSS ";P
510 LOCATE 11, 5:INPUT"ANZAHL DER RENTENPERIODEN ";N
520 Q = P/100 +1
530 IF RN <> 0 GOTO 560 ELSE GOTO 540
540 RO = R/Q^N * (Q^N-1)/(Q-1)               :'Barwert wenn Rentenrate bekannt
550 GOTO 570
560 RO = RN / (Q^N)                          :'Barwert wenn Endwert bekannt
570 RO = INT(RO*100+.5)/100
580 LOCATE 18, 5:PRINT"DER BARWERT DER RENTE BETRÄGT";RO;"DM
590 '
600 '******************** BERECHNUNG DER RENTENPERIODEN ********************
610 '
620 CLS
630 LOCATE  1, 5:PRINT"BERECHNUNG DER RENTENPERIODEN"
640 LOCATE  5, 5:INPUT"BARWERT ";RO
650 LOCATE  7, 5:INPUT"ENDWERT ";RN
660 LOCATE  9, 5:INPUT"ZINSSATZ ";P
670 LOCATE 11, 5:INPUT"RENTENRATE ";R
680 Q=1+P/100
690 IF RO <> 0 GOTO 720
700 N = LOG((RN*(Q-1)/R)+1)/LOG(Q)           :'Rentenperiode wenn Endwert bekannt
710 GOTO 730
720 N = LOG(1/(-((RO*(Q-1))/R)+1))/LOG(Q) :'Rentenperiode wenn Barwert bekannt
730 N = INT(N*100+.5)/100
740 LOCATE 18, 5:PRINT"DIE LAUFZEIT DER RENTE BETRÄGT";N;"JAHRE.
750 '
```

```basic
760 '******************** BERECHNUNG DES ZINSSATZES *********************
770 '
780 CLS
790 LOCATE  1, 5:PRINT"BERECHNUNG DES ZINSSATZES"
800 LOCATE  5, 5:INPUT"BARWERT ";RO
810 LOCATE  7, 5:INPUT"ENDWERT ";RN
820 LOCATE  9, 5:INPUT"JÄHRLICHE RENTENRATE ";R
830 LOCATE 11, 5:INPUT"ANZAHL DER RENTENPERIODEN ";N
840 LOCATE 13, 5:INPUT"STARTWERT ";X
850 IF RO <> 0 GOTO 1100 ELSE GOTO 890
860 '
870 '------- ITERATIVE ERMITTLUNG DES ZINSSATZES WENN ENDWERT BEKANNT --------
880 '
890 LS = RN
900 GOSUB 1010
910 IF (LS - RS) > 0 THEN 940
920 IF (LS - RS) < 0 THEN 980
930 GOSUB 1010
940 IF (LS-RS)  < .0000001 THEN 1050
950 X = X + .005
960 GOTO 930
970 GOSUB 1010
980 IF (RS-LS)  < .0000001 THEN 1050
990 X = X - .005
1000 GOTO 970
1010 Q=1+X/100
1020 RS = R * (Q^N-1)/(Q-1)
1030 LOCATE 15,33:PRINT"Bitte Warten"
1040 RETURN
1050 X = INT(X*100+.5)/100
1060 LOCATE 18,5:PRINT"DER ZINSSATZ BETRÄGT";X;"%"
1070 '
1080 '------- ITERATIVE ERMITTLUNG DES ZINSSATZES WENN BARWERT BEKANNT --------
1090 '
1100 LS = RO
1110 GOSUB 1220
1120 IF (RS - LS) > 0 THEN 1150
1130 IF (RS - LS) < 0 THEN 1190
1140 GOSUB 1220
1150 IF (RS-LS)  < .0000001 THEN 1260
1160 X = X + .005
1170 GOTO 1140
1180 GOSUB 1220
1190 IF (LS-RS)  < .0000001 THEN 1050
1200 X = X - .005
1210 GOTO 1180
1220 Q=1+X/100
1230 RS = (R/Q^N) * (Q^N-1)/(Q-1)
1240 LOCATE 15,33:PRINT"Bitte Warten"
1250 RETURN
1260 X = INT(X*100+.5)/100
1270 LOCATE 18,5:PRINT"DER ZINSSATZ BETRÄGT";X;"%"
1280 '
```

2.1.2 Unterjährlich-nachschüssige Rentenzahlung

Hier sollen folgende Fälle unterschieden werden:

a) Unterjährliche Rentenzahlung bei jährlicher Verzinsung.

b) Unterjährliche Rentenzahlung bei unterjährlicher Verzinsung auf Zinseszinsbasis.

c) Unterjährliche Rentenzahlung bei einfacher unterjährlicher Verzinsung. Die Endwerte der unterjährlichen Zahlungen (Summe der unterjährlichen Raten plus einfache Zinsen) werden auch in diesem Fall auf Zinseszinsbasis verzinst.

Der Fall a) ist in der Praxis nicht üblich und wird deshalb auch nicht behandelt. Auch Fall b) dürfte in der Praxis selten vorkommen. Er soll aber behandelt werden, um Vergleichsmöglichkeiten mit Fall c) zu haben.

Von den verschiedenen Lösungsmöglichkeiten, die für den Fall c) bestehen, hat sich die fiktive Angleichung der eigentlich verschiedenen Zins- und Rentenperioden am besten bewährt. Das geschieht dadurch, daß aus den effektiv zu zahlenden unterjährlichen Rentenraten eine *fiktive Jahres-Rentenrate* gebildet wird, die *konforme Ersatzrente* heißt und mit dem Symbol r_e bezeichnet wird. Sie wird dadurch gewonnen, daß die unterjährlichen Rentenraten zum Zinstermin am Jahresende aufgezinst werden.

Wie aus der folgenden Skizze ersichtlich, steht bei vierteljährlicher Rentenzahlung die erste Rate 9 Monate, die zweite Rate 6 Monate und die dritte Rate

$$
\begin{array}{ccccc}
& r & r & r & r \\
\hline
1.1. & 31.3. & 30.6. & 30.9. & 31.12.
\end{array} \longrightarrow \text{Zeit (t)}
$$

3 Monate bis zum Zinstermin am Jahresende, und zwar zu einfachen Zinsen. Die vierte Rate wird genau zum Zinstermin fällig. Damit ergibt sich der Wert der Ersatzrente r_e zum Zinstermin am Jahresende aus folgender Formel:

$$
r_e = r \left(1 + i \, \frac{3}{4} \right) + r \left(1 + i \, \frac{2}{4} \right) + r \left(1 + i \, \frac{1}{4} \right) + r
$$

Wird die Zahl der unterjährlichen Rentenzahlungen mit m bezeichnet, so gilt:

$$
\boxed{\; r_e = \left(\frac{i}{2} \, (m - 1) + m \right) r \;}
\tag{2-5}
$$

Für unterjährlich zahlbare Renten mit nachschüssig-unterjährlicher Verzinsung auf Zinseszinsbasis läßt sich der Effektivzinsfuß analog zum Rechnerprogramm zu Beispiel 1.2.2.2-2 aus Abschnitt 1.2.2.2 ermitteln. Zum Vergleich wird der Effektivzinsfuß für unterjährliche Verzinsung zu einfachen Zinsen angegeben.

Beispiel 2.1.2-1:

Ein Geschäft wird gegen eine nachschüssige Vierteljahresrente von 3 500,— DM verpachtet, und zwar auf 12 Jahre zu 8 % Zinsen.

a) Wie groß ist der Endwert der Rente, wenn auch unterjährlich Zinseszinsen vereinbart wurden?

b) Auf welchen Betrag lautet der Endwert, wenn unterjährlich nur einfache Zinsen vergütet werden?

c) Wie hoch sind die Effektivzinssätze bei Zinseszinsrechnung einfacher unterjährlicher Verzinsung?

```
BERECHNUNG DES ENDWERTES        Unterjährlich-nachschüssige Rentenzahlung
----------------------------------------------------------------------------
EINGABE:

RENTENRATE ? 3500

BARWERT ?

ANZAHL DER RENTENJAHRE ? 12

ANZAHL DER UNTERJÄHRLICHEN PERIODEN ? 4

ZINSSATZ ? 8
----------------------------------------------------------------------------
ERGEBNIS:

                                          ENDWERT          EFFEKTIVZINS

UNTERJÄHRLICHER ZINSESZINSRECHNUNG  :     277736.4 DM         8.24 %

EINFACHER UNTERJÄHRLICHER VERZINSUNG:     273650.2 DM         8 %
----------------------------------------------------------------------------
SOLL EINE WEITERE BERECHNUNG DURCHGEFÜHRT WERDEN (J/N)?
```

Ergänzend sei darauf hingewiesen, daß sich die Ersatzrente auch noch nach folgender Formel ermitteln läßt:

$$\boxed{\begin{aligned}\text{Ersatzrente} = \;&\text{Ratenbetrag} \cdot \text{Ratenzahl} + \\ &+ \text{Ratenbetrag} \cdot \text{Zinssatz} \cdot \alpha\end{aligned}} \qquad (2\text{-}6)$$

Zur Ermittlung der Größe α muß die Summe der Jahresbruchteile, welche die einzelnen Rentenraten auf Zinsen stehen, ermittelt und durch 100 dividiert werden. In obigem Beispiel ist $\alpha = 0.015$. Folgende Skizze soll das verdeutlichen:

$$
3/4 \quad + \quad 2/4 \quad + \quad 1/4 \quad + \quad 0 \longrightarrow \text{Zeit}
$$
$$
r_1 \qquad r_2 \qquad r_3 \qquad r_4
$$

$$\alpha = 3/4 + 2/4 + 1/4 + 0 = 6/4 = 1.5 : 100 = 0.015$$

Bei vierteljährlich vorschüssiger Zahlung wäre α folgendermaßen zu errechnen:

$$
4/4 \qquad 3/4 \qquad 2/4 \qquad 1/4 \longrightarrow \text{Zeit}
$$
$$
r_1 \qquad r_2 \qquad r_3 \qquad r_4
$$

$$\alpha = 4/4 + 3/4 + 2/4 + 1/4 = 10/4 = 2.5 : 100 = 0.025$$

Für die Ermittlung der Ersatzrente in Beispiel 2.1.2-1 gilt damit die Rechnung:

Ersatzrente = 3500 · 4 + 3500 · 8 · 0,015 = 14420 DM.

Da diese einfache Rechnung mit jedem Taschenrechner durchzuführen ist, wurde darauf verzichtet, ein eigenes Programm zu schreiben.

Beispiel 2.1.2-2:

Wie hoch muß die monatliche Rentenzahlung sein, wenn bei einem Zinsfuß von 8,75 % nach 15 Jahren ein Endwert der Rente von 500 000 DM erreicht werden soll?

a) Bei unterjährlicher Zinseszinsrechnung.

b) Bei einfacher unterjährlicher Verzinsung.

```
BERECHNUNG DER RENTENRATE            Unterjährlich-nachschüssige Rentenzahlung
--------------------------------------------------------------------------------
EINGABE:

BARWERT ?

ENDWERT ? 500000

ZINSSATZ ? 8.75

ANZAHL DER UNTERJÄHRLICHEN RENTENPERIODEN ? 12

ANZAHL DER RENTENJAHRE ? 15

--------------------------------------------------------------------------------
ERGEBNIS:

RENTENRATE BEI,

UNTERJÄHRLICHER ZINSESZINSRECHNUNG   : 1351.4 DM

EINFACHER UNTERJÄHRLICHER VERZINSUNG: 1391.44 DM
--------------------------------------------------------------------------------
SOLL EINE WEITERE BERECHNUNG DURCHGEFÜHRT WERDEN (J/N)?
```

Programmlisting 2.1.2

```
1290 '##############################################################
1300 '############## UNTERJÄHRLICH-NACHSCHÜSSIGE RENTENZAHLUNG ##############
1310 '##############################################################
1320 '
1330 '
1340 '################### BERECHNUNG DER RENTENRATE ######################
1350 '
1360 CLS
1370 LOCATE 1, 5:PRINT"BERECHNUNG DER RENTENRATE"
1380 LOCATE 5, 5:INPUT"BARWERT ";RO
1390 LOCATE 7, 5:INPUT"ENDWERT ";RN
1400 LOCATE 9, 5:INPUT"ZINSSATZ ";P
1410 LOCATE 11, 5:INPUT"ANZAHL DER UNTERJÄHRLICHEN RENTENPERIODEN ";M
```

```
1420 LOCATE 13, 5:INPUT"ANZAHL DER RENTENJAHRE ";N
1430 Q1 = 1+P/100 : Q2=1+P/M/100              :'Zinssätze
1440 IF RN <> 0 THEN GOTO 1550 ELSE GOTO 1480
1450 '
1460 '----------------------- Barwert bekannt -----------------------
1470 '
1480 RE = R0 * Q1^N *(Q1-1)/(Q1^N-1)          :'Ersatzrente
1490 R1 = RE / (P/100/2*(M-1)+M)              :'Rentenrate bei einfachen Zinsen
1500 R2 = R0 * Q2^(N*M)*(Q2-1)/(Q2^(N*M)-1)   :'Rentenrate bei Zinseszinsen
1510 GOTO 1580
1520 '
1530 '----------------------- Endwert bekannt -----------------------
1540 '
1550 RE = RN * (Q1-1)/(Q1^N-1)               :'Ersatzrente
1560 R1 = RE / (P/100/2*(M-1)+M)             :'Rentenrate bei einfachen Zinsen
1570 R2 = RN * (Q2-1)/(Q2^(N*M)-1)           :'Rentenrate bei Zinseszinsen
1580 R1 = INT(R1*100+.5)/100 : R2 = INT(R2*100+.05)/100
1590 LOCATE 16, 5:PRINT"ERGEBNIS:
1600 LOCATE 18, 5:PRINT"RENTENRATE BEI,
1610 LOCATE 20, 5:PRINT"UNTERJÄHRLICHER ZINSESZINSRECHNUNG  :";R2;"DM
1620 LOCATE 22, 5:PRINT"EINFACHER UNTERJÄHRLICHER VERZINSUNG:";R1;"DM
1630 '
1640 '******** BERECHNUNG DES ENDWERTES UND DER EFFEKTIVVERZINSUNG **********
1650 '
1660 CLS
1670 LOCATE  1, 5:PRINT"BERECHNUNG DES ENDWERTES"
1680 LOCATE  5, 5:INPUT"RENTENRATE ";R
1690 LOCATE  7, 5:INPUT"BARWERT ";R0
1700 LOCATE  9, 5:INPUT"ANZAHL DER RENTENJAHRE ";N
1710 LOCATE 11, 5:INPUT"ANZAHL DER UNTERJÄHRLICHEN PERIODEN ";M
1720 LOCATE 13, 5:INPUT"ZINSSATZ ";P
1730 Q1=1+P/M/100  : Q2=1+P/100               :'Zinssätze
1740 IF R <> 0 THEN GOTO 1780 ELSE GOTO 2030
1750 '
1760 '----------------------- Rentenrate bekannt -----------------------
1770 '
1780 RE  =((P/100)/2*(M-1)+M)*R              :'Ersatzrente
1790 RN1 = R * (Q1^(N*M)-1)/(Q1-1)           :'Endwert auf Zinseszinsbasis
1800 RN2 = RE*(Q2^N-1)/(Q2-1)                :'Endwert bei einfachen Zinsen
1810 PE1 = (Q1^M-1)*100                      :'Effektivverzinsung bei Zinseszins
1820 '
1830 '---- Iterative Ermittlung der Effektivverzinsung bei einfachen Zinsen ---
1840 '
1850 X=PE1/M : LS=RN2
1860 GOSUB 1970
1870 IF (LS - RS) > 0  THEN 1900
1880 IF (LS - RS) < 0  THEN 1940
1890 GOSUB 1970
1900 IF (LS-RS)  < .0000001 THEN 2250
1910 X = X + .001
1920 GOTO 1890
```

```
1930 GOSUB 1970
1940 IF (RS-LS)  < .0000001 THEN 2250
1950 X = X - .001
1960 GOTO 1930
1970 Q=1+X/100 :LOCATE 15,33:PRINT"Bitte Warten"
1980 RS = R*(Q^(N*M)-1)/(Q-1)
1990 RETURN
2000 '
2010 '---------------------- Barwert bekannt ----------------------------
2020 '
2030 RN1 = R0*(Q1^(N*M))*(Q1-1)/(Q1^(N*M)-1)*(Q1^(N*M)-1)/(Q1-1) :'Zinseszinsen
2040 RE  = R0*(Q2^N)*(Q2-1)/(Q2^N-1)                              :'Ersatzrente
2050 RN2 = RE*(Q2^N-1)/(Q2-1)              :'RN bei einfacher Verzinsung
2060 PE1 = (Q1^M-1)*100                    :'Effektivverzinsung bei einfachen Zinsen
2070 '
2080 '--- Iterative Ermittlung der Effektivverzinsung bei einfachen Zisnen ---
2090 '
2100 X=PE1/M : LS=RN2
2110 GOSUB 2220
2120 IF (LS - RS) > 0  THEN 2150
2130 IF (LS - RS) < 0  THEN 2190
2140 GOSUB 2220
2150 IF (LS-RS)  < .0000001 THEN 2250
2160 X = X + .001
2170 GOTO 2140
2180 GOSUB 2220
2190 IF (RS-LS)  < .0000001 THEN 2250
2200 X = X - .001
2210 GOTO 2180
2220 Q=1+X/100 :LOCATE 15,33:PRINT"Bitte Warten"
2230 RS =R0*(Q^(N*M))*(Q-1)/(Q^(N*M)-1)*(Q^(N*M)-1)/(Q-1) :'Einfache Verzinsung
2240 RETURN
2250 PE2 = ((1+X/100)^M-1)*100
2260 RN1=INT(RN1*100+.05)/100
2270 RN2=INT(RN2*100+.05)/100
2280 PE1=INT(PE1*100+.05)/100
2290 PE2=INT(PE2*100+.05)/100
2300 LOCATE 18, 5:PRINT;TAB(47)"ENDWERT";TAB(63);"EFFEKTIVZINS"
2310 LOCATE 20, 5:PRINT"UNTERJÄHRLICHER ZINSESZINSRECHNUNG  :";TAB(45);RN1;"DM";
TAB(65);PE1"%"
2320 LOCATE 22, 5:PRINT"EINFACHER UNTERJÄHRLICHER VERZINSUNG:";TAB(45);RN2;"DM";
TAB(65);PE2"%"
2330 '
2340 '******************** BERECHNUNG DES BARWERTES ********************
2350 '
2360 CLS
2370 LOCATE  1, 5:PRINT"BERECHNUNG DES BARWERTES"
2380 LOCATE  5, 5:INPUT"RENTENRATE ";R
2390 LOCATE  7, 5:INPUT"ENDWERT ";RN
2400 LOCATE  9, 5:INPUT"ZINSFUSS ";P
2410 LOCATE 11, 5:INPUT"ANZAHL DER RENTENJAHRE ";N
```

```
2420 LOCATE 13, 5:INPUT"ANZAHL DER UNTERJÄHRLICHEN RENTENPERIODEN ";M
2430 Q1 = P/M/100 +1 : Q2 = P/100+1         :'Zinssätze
2440 IF RN <> 0 THEN GOTO 2550 ELSE GOTO 2480
2450 '
2460 '----------------------- Rentenrate bekannt ---------------------------
2470 '
2480 RE=R*(M+P/100/2*(M-1))                 :'Rentenrate
2490 B2=(RE/Q2^N)*((Q2^N-1)/(Q2-1))         :'Barwert bei einfacher Verzinsung
2500 B1=(R/Q1^(N*M))*(Q1^(N*M)-1)/(Q1-1)    :'Barwert bei Zinseszinsen
2510 GOTO 2570
2520 '
2530 '----------------------- Endwert bekannt -----------------------------
2540 '
2550 B1 = RN / (Q1^(N*M))                   :'Barwert bei Zinseszinsen
2560 B2 = RN * (Q1-1)/((Q1^N)-1)            :'Barwert bei einfachen Zinsen
2570 B1=INT(B1*100+.5)/100 : B2=INT(B2*100+.5)/100
2580 LOCATE 18, 5:PRINT"BARWERT DER RENTE BEI,
2590 LOCATE 20, 5:PRINT"UNTERJÄHRLICHER ZINSESZINSRECHNUNG:  ";B1;"DM
2600 LOCATE 22, 5:PRINT"EINFACHER UNTERJÄHRLICHER VERZINSUNG:";B2;"DM
2610 '
2620 '****************** BERECHNUNG DER RENTENPERIODEN ******************
2630 '
2640 CLS
2650 LOCATE  1, 5:PRINT"BERECHNUNG DER RENTENPERIODEN"
2660 LOCATE  5, 5:INPUT"BARWERT ";RO
2670 LOCATE  7, 5:INPUT"ENDWERT ";RN
2680 LOCATE  9, 5:INPUT"ZINSSATZ ";P
2690 LOCATE 11, 5:INPUT"RENTENRATE ";R
2700 LOCATE 13, 5:INPUT"ANZAHL DER UNTERJÄHRLICHEN PERIODEN ";M
2710 Q1 = 1+P/100 : Q2=1+P/M/100                  :'Zinssätze
2720 RE = R * ((P/100/2)*(M-1)+M)                 :'Ersatzrente
2730 IF RO <> 0 THEN GOTO 2830 ELSE GOTO 2770
2740 '
2750 '----------------------- Endwert bekannt ---------------------------
2760 '
2770 N1 = LOG((RN*(Q1-1)/RE)+1)/LOG(Q1)           :'N bei einf. Zinsen
2780 N2 = LOG((RN*(Q2-1)/R )+1)/LOG(Q2) : N2 = N2/M    :'N bei Zinseszinsen
2790 GOTO 2850
2800 '
2810 '----------------------- Barwert bekannt ---------------------------
2820 '
2830 N1 = LOG(1/(-((RO*(Q1-1))/RE)+1))/LOG(Q1)         :'N bei einf. Zinsen
2840 N2 = LOG(1/(-((RO*(Q2-1))/R )+1))/LOG(Q2) : N2 = N2/M :'N bei Zinseszinsen
2850 N1=INT(N1*100+.05)/100:N2=INT(N2*100+.05)/100
2860 LOCATE 18, 5:PRINT"DAUER DER RENTE BEI,"
2870 LOCATE 20, 5:PRINT"EINFACHER UNTERJÄHRLICHER VERZINSUNG:";N1;"JAHRE
2880 LOCATE 22, 5:PRINT"UNTERJÄHRLICHER ZINSESZINSRECHNUNG  :";N2;"JAHRE
2890 '
```

```
2900 '****************** BERECHNUNG DES ZINSSATZES ********************
2910 '
2920 CLS
2930 LOCATE  1, 5:PRINT"BERECHNUNG DES ZINSSATZES"
2940 LOCATE  5, 5:INPUT"BARWERT ";RO
2950 LOCATE  5,40:INPUT"ENDWERT ";RN
2960 LOCATE  7, 5:INPUT"UNTERJÄHRLICHE RENTENRATE ";R
2970 LOCATE  9, 5:INPUT"ANZAHL DER RENTENJAHRE ";N
2980 LOCATE 11, 5:INPUT"ANZAHL DER UNTERJÄHRLICHEN PERIODEN ";M
2990 LOCATE 13, 5:INPUT"STARTWERT ";X
3000 IF RO <> 0 GOTO 3430 ELSE GOTO 3040
3010 '
3020 '--------------------- Endwert bekannt ------------------------
3030 '
3040 LS = RN
3050 GOSUB 3160
3060 IF (LS - RS) > 0  THEN 3090
3070 IF (LS - RS) < 0  THEN 3130
3080 GOSUB 3160
3090 IF (LS-RS)  < .0000001 THEN 3200
3100 X = X + .005
3110 GOTO 3080
3120 GOSUB 3160
3130 IF (RS-LS)  < .0000001 THEN 3200
3140 X = X - .005
3150 GOTO 3120
3160 Q=1+X/M/100
3170 RS = R * (Q^(N*M)-1)/(Q-1)
3180 LOCATE 15,33:PRINT"Bitte Warten"
3190 RETURN
3200 X = INT(X*100+.5)/100
3210 LOCATE 18,5:PRINT"ZINSSATZ BEI UNTERJÄHRLICHER VERZINSUNG ZU ZINSESZINSEN:
";X;"Z
3220 GOSUB 3230
3230 GOSUB 3340
3240 IF (LS - RS) > 0  THEN 3270
3250 IF (LS - RS) < 0  THEN 3310
3260 GOSUB 3340
3270 IF (LS-RS)  < .0000001 THEN 3370
3280 X = X + .005
3290 GOTO 3260
3300 GOSUB 3340
3310 IF (RS-LS)  < .0000001 THEN 3370
3320 X = X - .005
3330 GOTO 3300
3340 Q=1+X/100
3350 RS = (((X/100)/2*(M-1)+M)*R)*(Q^N-1)/(Q-1)
3360 RETURN
3370 X = INT(X*100+.5)/100
3380 LOCATE 20,5:PRINT"ZINSSATZ BEI EINFACHER UNTERJÄHRLICHER VERZINSUNG : ";X;"
Z
```

```
3390 RETURN
3400 '
3410 '--------------------- Barwert bekannt --------------------------------
3420 '
3430 LS = R0
3440 GOSUB 3550
3450 IF (RS - LS) > 0   THEN 3480
3460 IF (RS - LS) < 0   THEN 3520
3470 GOSUB 3550
3480 IF (RS-LS)  < .0000001 THEN 3590
3490 X = X + .005
3500 GOTO 3470
3510 GOSUB 3550
3520 IF (LS-RS)  < .0000001 THEN 3590
3530 X = X - .005
3540 GOTO 3510
3550 Q=1+X/M/100
3560 RS = (R/Q^(N*M))*(Q^(N*M)-1)/(Q-1)
3570 LOCATE 15,33:PRINT"Bitte Warten"
3580 RETURN
3590 X = INT(X*100+.5)/100
3600 LOCATE 18,5:PRINT"ZINSSATZ BEI UNTERJÄHRLICHER VERZINSUNG ZU ZINSESZINSEN:
";X;"%
3610 GOSUB 3620
3620 GOSUB 3730
3630 IF (RS - LS) > 0   THEN 3660
3640 IF (RS - LS) < 0   THEN 3700
3650 GOSUB 3730
3660 IF (RS-LS)  < .0000001 THEN 3760
3670 X = X + .005
3680 GOTO 3650
3690 GOSUB 3730
3700 IF (LS-RS)  < .0000001 THEN 3760
3710 X = X - .005
3720 GOTO 3690
3730 Q=1+X/100
3740 RS=(R*(M+X/100/2*(M-1))/Q^N)*((Q^N-1)/(Q-1))
3750 RETURN
3760 X = INT(X*100+.5)/100
3770 LOCATE 20,5:PRINT"ZINSSATZ BEI EINFACHER UNTERJÄHRLICHER VERZINSUNG : ";X;"
%
3780 RETURN
```

2.2 Vorschüssige Renten

Bei vorschüssigen Renten sind die Rentenzahlungen, wie in Abschnitt 1 (S. 21) dargelegt, zu Beginn der jeweiligen Periode fällig.

2.2.1 Jährlich-vorschüssige Rentenzahlung

Da die erste Rentenrate bei vorschüssiger Zahlung zum Zeitpunkt Null fällig ist, wogegen zum Endzeitpunkt n keine Rentenrate bezahlt wird, stehen alle Rentenraten, verglichen mit einer nachschüssigen Rentenzahlung, ein Jahr länger.

Werden die Rentenraten einer jährlich-vorschüssig zahlbaren Rente mit r, ihr Barwert mit R_0' und ihr Endwert mit R_n' bezeichnet, so gilt:

$$R_0' = R_0 q = \frac{r}{q^{n-1}} \cdot \frac{q^n - 1}{q - 1} \qquad (2\text{-}7)$$

$$R_n' = R_n q = r \cdot q \, \frac{q^n - 1}{q - 1} \qquad (2\text{-}8)$$

$$r = R_n' \, \frac{q - 1}{q(q^n - 1)} = R_0' \, \frac{q^{n-1}(q - 1)}{q^n - 1} \qquad (2\text{-}9)$$

$$n = \frac{\log\left[\frac{R_n' \cdot (q-1)}{r \cdot q} + 1\right]}{\log(q)} = \frac{\log\left[\dfrac{\dfrac{1}{-\dfrac{R_0'(q-1)}{r}} + q}{}\right]}{\log(q)} + 1 \qquad (2\text{-}10)$$

$$i = 1 - \frac{R_0'}{R_0} = 1 - \frac{R_n'}{R_n} \qquad (2\text{-}11)$$

Läßt sich i und damit p nicht nach Formel (2-11) ermitteln, so sind auch hier Gleichungen höheren Grades zu lösen. Dies geschieht mit dem in Abschnitt 2.1.1 erwähnten Interationsprogramm.

Im einfachsten Fall, nämlich bei einer Rente, welche jährlich-nachschüssig zahlbar und zu verzinsen ist, sind Nominalzinsfuß und Effektivzinsfuß identisch.

Bei Renten, welche jährlich-vorschüssig zahlbar, aber jährlich nachschüssig zu verzinsen sind, läßt sich der Effektivzinsfuß ermitteln. Im Beispiel 2.2.1-1 aus Abschnitt 2.2.1 ergibt sich damit ein Effektivzinsfuß von 9.292 %.

Beispiel 2.2.1-1:

Auf ein Sparkonto werden jährlich vorschüssig 624 DM eingezahlt, um nach 12 Jahren über ein Kapital von 12 789,07 verfügen zu können.

a) Wie hoch ist der Effektivzinsfuß?

b) Wie hoch müßte die monatliche Einzahlung sein, um schon nach 6 Jahren auf das gewünschte Endkapital zu kommen?

```
BERECHNUNG DES ZINSSATZES              Jährlich-vorschüssige Rentenzahlung
------------------------------------------------------------------------
EINGABE:

BARWERT ?

ENDWERT ? 12789.07

STARTWERT? 7

JÄHRLICHE RENTENRATE ? 624

ANZAHL DER RENTENJAHRE ? 12

------------------------------------------------------------------------
ERGEBNIS:

DER ZINSSATZ BETRÄGT 8 %

------------------------------------------------------------------------
SOLL EINE WEITERE BERECHNUNG DURCHGEFÜHRT WERDEN (J/N)?
```

a)

```
BERECHNUNG DER RENTENRATE               Jährlich-vorschüssige Rentenzahlung
------------------------------------------------------------------------
EINGABE:

BARWERT ?

ENDWERT ? 12789.07

ZINSSATZ ? 8

ANZAHL DER RENTENJAHRE ? 6

------------------------------------------------------------------------
ERGEBNIS:

DIE JÄHRLICHE RENTENRATE BETRÄGT 1614.21 DM

------------------------------------------------------------------------
SOLL EINE WEITERE BERECHNUNG DURCHGEFÜHRT WERDEN (J/N)?
```

b)

Beispiel 2.2.1-2:

Wie viele Jahre muß eine Rentenrate von 4500,– DM zu einem Zinsfuß von 6,25 % einbezahlt werden, um zu einem Endwert von 30 000,– DM zu gelangen?

BERECHNUNG DER RENTENPERIODEN   Jährlich-vorschüssige Rentenzahlung
----
EINGABE:

BARWERT ?

ENDWERT ? 30000

ZINSSATZ ? 6.25

RENTENRATE ? 4500

ERGEBNIS:

DAUER DER RENTENPERIODE : 5.46 JAHRE

SOLL EINE WEITERE BERECHNUNG DURCHGEFÜHRT WERDEN (J/N)?

Programmlisting 2.2.1

```
3800 '########################################################################
3810 '#                    VORSCHÜSSIGE RENTENRECHNUNG                       #
3820 '########################################################################
3830 '
3840 '
3850 '########################################################################
3860 '################ JÄHRLICH VORSCHÜSSIGE RENTENZAHLUNG ###################
3870 '########################################################################
3880 '
3890 '
3900 '################### BERECHNUNG DER RENTENRATE #######################
3910 '
3920 CLS
3930 LOCATE  1, 5:PRINT"BERECHNUNG DER RENTENRATE"
3940 LOCATE  5, 5:INPUT"BARWERT ";RO
3950 LOCATE  7, 5:INPUT"ENDWERT ";RN
3960 LOCATE  9, 5:INPUT"ZINSSATZ ";P
3970 LOCATE 11, 5:INPUT"ANZAHL DER RENTENJAHRE ";N
3980 Q = 1+P/100
3990 IF RN <> 0 THEN GOTO 4020 ELSE GOTO 4000
4000 R = RO#(Q^(N-1))#(Q-1)/(Q^N-1)          :'Rentenrate wenn RO bekannt
4010 GOTO 4030
4020 R = RN # (Q-1)/(Q#(Q^N-1))              :'Rentenrate wenn RN bekannt
4030 R=INT(R#100+.5)/100
4040 LOCATE 18, 5:PRINT"DIE JÄHRLICHE RENTENRATE BETRÄGT";R;"DM
4050 '
4060 '################### BERECHNUNG DES ENDWERTES #######################
4070 '
4080 CLS
4090 LOCATE  1, 5:PRINT"BERECHNUNG DES ENDWERTES"
4100 LOCATE  5, 5:INPUT"RENTENRATE ";R
4110 LOCATE  7, 5:INPUT"BARWERT ";RO
```

```
4120 LOCATE  9, 5:INPUT"ZINSSATZ ";P
4130 LOCATE 11, 5:INPUT"ANZAHL DER RENTENJAHRE ";N
4140 Q=1+P/100
4150 IF R <> 0 GOTO 4190 ELSE GOTO 4380
4160 '
4170 '------------------------ Endwert bekannt ----------------------------
4180 '
4190 RN = R*Q*(Q^N-1)/(Q-1)                              :'Endwert wenn R bekannt
4200 X=P:LS=RN
4210 GOSUB 4320
4220 IF (LS-RS) > 0 THEN  4250
4230 IF (LS-RS) < 0 TEHN  5637
4240 GOSUB 4320
4250 IF (LS-RS) < .0000001 THEN  4540
4260 X = X + .01
4270 GOTO 4240
4280 GOSUB 4320
4290 IF (RS-LS) > .0000001 THEN  4540
4300 X = X - .01
4310 GOTO 4280
4320 Q = 1+X/100
4330 RS = R*(Q^N-1)/(Q-1) : LOCATE 15,33:PRINT"Bitte Warten"
4340 RETURN
4350 '
4360 '------------------------ Barwert bekannt ----------------------------
4370 '
4380 RN = R0*(Q^(N-1))*(Q-1)/(Q^N-1)*Q*(Q^N-1)/(Q-1) :'Endwert wenn R0 bekannt
4390 X=P:LS=R0
4400 GOSUB 4510
4410 IF (LS-RS) > 0 THEN  4440
4420 IF (LS-RS) < 0 THEN  4480
4430 GOSUB 4510
4440 IF (LS-RS) < .0000001 THEN  4540
4450 X = X + .01
4460 GOTO 4430
4470 GOSUB 4510
4480 IF (RS-LS) > .0000001 THEN  4540
4490 X = X - .01
4500 GOTO 4470
4510 Q = 1+X/100
4520 RS = R0*(Q^N)*(Q-1)/(Q^N-1)*(Q^N-1)/(Q-1):LOCATE 15,33:PRINT"Bitte Warten"
4530 RETURN
4540 RN=INT(RN*100+.5)/100 : X=INT(X*100+.5)/100
4550 LOCATE 18, 5:PRINT"DER ENDWERT DER RENTE BETRÄGT";RN;"DM
4560 LOCATE 20, 5:PRINT"DIES ENTSPRICHT EINER EFFEKTIVVERZINSUNG VON"X"%"
4570 '
4580 '******************** BERECHNUNG DES BARWERTES ************************
4590 '
4600 CLS
4610 LOCATE  1, 5:PRINT"BERECHNUNG DES BARWERTES"
4620 LOCATE  5, 5:INPUT"ENDWERT ";RN
```

```basic
4630 LOCATE  7, 5:INPUT"RENTENRATE ";R
4640 LOCATE  9, 5:INPUT"ZINSSATZ ";P
4650 LOCATE 11, 5:INPUT"ANZAHL DER RENTENJAHRE ";N
4660 Q = 1+P/100
4670 IF RN <> 0 GOTO 4700 ELSE GOTO 4680
4680 R0 = (R/Q^(N-1))*((Q^N-1)/(Q-1))                    :'Barwert w. R bekannt
4690 GOTO 4710
4700 R0 = RN*(Q-1)/(Q*(Q^N-1))/(Q^(N-1))*((Q^N-1)/(Q-1)) :'Barwert w. RN bek.
4710 R0 = INT(R0*100+.5)/100
4720 LOCATE 18, 5:PRINT"DER BARWERT DER RENTE BETRÄGT";R0;"DM
4730 '
4740 '******************* BERECHNUNG DER RENTENPERIODEN *******************
4750 '
4760 CLS
4770 LOCATE  1, 5:PRINT"BERECHNUNG DER RENTENPERIODEN"
4780 LOCATE  5, 5:INPUT"BARWERT ";R0
4790 LOCATE  7, 5:INPUT"ENDWERT ";RN
4800 LOCATE  9, 5:INPUT"ZINSSATZ ";P
4810 LOCATE 11, 5:INPUT"RENTENRATE ";R
4820 Q =  1+P/100
4830 IF RN <> 0 THEN GOTO 4860 ELSE GOTO 4840
4840 N = (LOG(1/((-R0*(Q-1)/R)+Q))/LOG(Q))+1    :'N wenn Barwert bekannt
4850 GOTO 4870
4860 N =  LOG((RN*(Q-1)/(R*Q))+1)/LOG(Q)        :'N wenn Endwert bekannt
4870 N = INT(N*100+.5)/100
4880 LOCATE 18, 5:PRINT"DAUER DER RENTENPERIODE :"N"JAHRE"
4890 '
4900 '******************* BERECHNUNG DES ZINSSATZES ********************
4910 '
4920 CLS
4930 LOCATE  1, 5:PRINT"BERECHNUNG DES ZINSSATZES"
4940 LOCATE  5, 5:INPUT"BARWERT ";R0
4950 LOCATE  7, 5:INPUT"ENDWERT ";RN
4960 LOCATE  9, 5:INPUT"STARTWERT"; X
4970 LOCATE 11, 5:INPUT"JÄHRLICHE RENTENRATE ";R
4980 LOCATE 13, 5:INPUT"ANZAHL DER RENTENJAHRE ";N
4990 IF R0 <> 0 GOTO 5210 ELSE GOTO 5030
5000 '
5010 '----- Iterative Ermittlung von Zinssatz wenn der Endwert bekannt ------
5020 '
5030 LS = RN
5040 GOSUB 5150
5050 IF (LS - RS) > 0 THEN 5080
5060 IF (LS - RS) < 0 THEN 5120
5070 GOSUB 5150
5080 IF (LS-RS)  < .0000001 THEN 5360
5090 X = X + .005
5100 GOTO 5070
5110 GOSUB 5150
5120 IF (RS-LS)  < .0000001 THEN 5360
5130 X = X - .005
```

```
5140 GOTO 5110
5150 Q =1+X/100 : LOCATE 15,33:PRINT"Bitte Warten"
5160 RS = R * Q * (Q^N-1)/(Q-1)
5170 RETURN
5180 '
5190 '----- Iterative Ermittlung von Zinssatz wenn der Barwert bekannt ------
5200 '
5210 LS = R0
5220 GOSUB 5330
5230 IF (RS - LS) > 0 THEN 5260
5240 IF (RS - LS) < 0 THEN 5300
5250 GOSUB 5330
5260 IF (RS-LS) < .0000001 THEN 5360
5270 X = X + .005
5280 GOTO 5250
5290 GOSUB 5330
5300 IF (LS-RS) < .0000001 THEN 5360
5310 X = X - .005
5320 GOTO 5290
5330 Q =1+X/100  : LOCATE 15,33:PRINT"Bitte Warten"
5340 RS = R / (Q^(N-1))* (Q^N-1)/(Q-1)
5350 RETURN
5360 X = INT(X*100+.5)/100
5370 LOCATE 18,5:PRINT"DER ZINSSATZ BETRÄGT";X;"%
5380 '
```

2.2.2 Unterjährlich-vorschüssige Rentenzahlung

Hier gelten die Ausführungen zur unterjährlich-nachschüssigen Rente (Abschnitt 2.1.2) entsprechend.

Für den Fall der unterjährlichen Verzinsung zu einfachen Zinsen ist es auch hier am zweckmäßigsten, eine nachschüssige Ersatzrente zu bilden. Diese wird wiederum dadurch ermittelt, daß alle unterjährlichen Rentenraten auf das Jahresende aufgezinst werden. Dabei ergibt sich unter sonst gleichen Umständen eine höhere Ersatzrente als bei nachschüssiger Zahlung, weil alle Raten jetzt eine unterjährliche Periode länger zu einfachen Zinsen stehen. Damit gilt für die Ersatzrente folgende Formel:

$$r_e = \left(\frac{i}{2}\,(m+1) + m \right) \cdot r \qquad (2\text{-}12)$$

Beispiel 2.2.2-1:

Wie hoch ist der Endwert der Rente in dem Beispiel 2.1.2-1 auf S. 46 bei vorschüssiger Ratenzahlung, wenn die Verzinsung unterjährlich zu Zinseszinsen bzw. zu einfachen Zinsen erfolgt?

```
BERECHNUNG DES ENDWERTES            Unterjährlich-vorschüssige Rentenzahlung
------------------------------------------------------------------------------
EINGABE:

UNTERJÄHRLICHE RENTENRATE ? 3500

BARWERT ?

ANZAHL DER RENTENJAHRE ? 12

ANZAHL DER UNTERJÄHRLICHEN PERIODEN ? 4

ZINSSATZ ? 8

------------------------------------------------------------------------------
ERGEBNIS:

ENDWERT DER RENTE BEI,

EINFACHER UNTERJÄHRLICHER VERZINSUNG: 278963.8 DM

UNTERJÄHRLICHER ZINSESZINSRECHNUNG  : 283291.1 DM
------------------------------------------------------------------------------
SOLL EINE WEITERE BERECHNUNG DURCHGEFÜHRT WERDEN (J/N)?
```

Programmlisting 2.2.2

```
5390 '###########################################################################
5400 '################ UNTERJÄHRLICH-VORSCHÜSSIGE RENTENZAHLUNG ##############
5410 '###########################################################################
5420 '
5430 '
5440 '##################### BERECHNUNG DER RENTENRATE #####################
5450 '
5460 CLS
5470 LOCATE  1, 5:PRINT"BERECHNUNG DER RENTENRATE"
5480 LOCATE  5, 5:INPUT"BARWERT ";R0
5490 LOCATE  7, 5:INPUT"ENDWERT ";RN
5500 LOCATE  9, 5:INPUT"ZINSSATZ ";P
5510 LOCATE 11, 5:INPUT"ANZAHL DER RENTENJAHRE ";N
5520 LOCATE 13, 5:INPUT"ANZAHL DER UNTERJÄHRLICHEN RENTENPERIODEN ";M
5530 Q1 = 1+P/100 : Q2 = 1+P/M/100        :'Zinssätze
5540 IF RN <> 0 THEN 5580 ELSE GOTO 5650
5550 '
5560 '---------------------- Endwert bekannt ----------------------
5570 '
5580 RE = RN * (Q1-1)/(Q1^N-1)            :'Ersatzrente
5590 R1 = RE / ((P/100/2)*(M+1)+M)        :'Rentenrate bei einfacher Verzinsung
5600 R2 = RN * (Q2-1)/(Q2*(Q2^(N*M)-1))   :'Rentenrate bei Zinseszinsen
5610 GOTO 5680
5620 '
```

```
5630 '---------------------- Barwert bekannt ----------------------
5640 '
5650 RE = R0*(Q1^N)*(Q1-1)/(Q1^N-1)        :'Ersatzrente
5660 R1 = RE / ((P/100/2)*(M+1)+M)         :'Rentenrate bei einfacher Verzinsung
5670 R2 = R0*(Q2^(N*M)-1)*(Q2-1)/(Q2^(N*M)-1)  :'Rentenrate bei Zinseszinsen
5680 R1=INT(R1*100+.5)/100  :  R2=INT(R2*100+.5)/100
5690 LOCATE 18, 5:PRINT"RENTENRATE BEI,
5700 LOCATE 20, 5:PRINT"EINFACHER UNTERJÄHRLICHER VERZINSUNG :";R1;"DM
5710 LOCATE 22, 5:PRINT"UNTERJÄHRLICHER ZINSESZINSRECHNUNG    :";R2;"DM
5720 '
5730 '#################### BERECHNUNG DES ENDWERTES ########################
5740 '
5750 CLS
5760 LOCATE  1, 5:PRINT"BERECHNUNG DES ENDWERTES"
5770 LOCATE  5, 5:INPUT"UNTERJÄHRLICHE RENTENRATE ";R
5780 LOCATE  7, 5:INPUT"BARWERT ";R0
5790 LOCATE  9, 5:INPUT"ANZAHL DER RENTENJAHRE ";N
5800 LOCATE 11, 5:INPUT"ANZAHL DER UNTERJÄHRLICHEN PERIODEN ";M
5810 LOCATE 13, 5:INPUT"ZINSSATZ ";P
5820 Q1=1+P/100 : Q2=1+P/M/100
5830 IF R <> 0 GOTO 5870 ELSE GOTO 5940
5840 '
5850 '---------------------- Rentenrate bekannt ----------------------
5860 '
5870 RE  = ((P/100)/2*(M+1)+M)*R           :'Ersatzrente
5880 RN1 = RE*(Q1^N-1)/(Q1-1)              :'Endwert bei einfacher Verzinsung
5890 RN2 = R * Q2 * (Q2^(N*M)-1)/(Q2-1)    :'Endwert bei Zinseszinsen
5900 GOTO 5970
5910 '
5920 '---------------------- Barwert bekannt ----------------------
5930 '
5940 RE  = R0*(Q1^N)*(Q1-1)/(Q1^N-1)       :'Ersatzrente
5950 RN1 = RE *(Q1^N-1)/(Q1-1)             :'Endwert bei einfacher Verzinsung
5960 RN2 = R0*(Q2^(N*M-1))*(Q2-1)/(Q2^(N*M)-1)*Q2*(Q2^(N*M)-1)/(Q2-1):'Zinsesz.
5970 RN1=INT(RN1*100+.05)/100:RN2=INT(RN2*100+.05)/100
5980 LOCATE 18, 5:PRINT"ENDWERT DER RENTE BEI,"
5990 LOCATE 20, 5:PRINT"EINFACHER UNTERJÄHRLICHER VERZINSUNG:";RN1;"DM
6000 LOCATE 22, 5:PRINT"UNTERJÄHRLICHER ZINSESZINSRECHNUNG    :";RN2;"DM
6010 '
6020 '#################### BERECHNUNG DES BARWERTES ########################
6030 '
6040 CLS
6050 LOCATE  1, 5:PRINT"BERECHNUNG DES BARWERTES"
6060 LOCATE  5, 5:INPUT"RENTENRATE ";R
6070 LOCATE  7, 5:INPUT"ENDWERT ";RN
6080 LOCATE  9, 5:INPUT"ZINSSATZ ";P
6090 LOCATE 11, 5:INPUT"ANZAHL DER RENTENJAHRE ";N
6100 LOCATE 13, 5:INPUT"ANZAHL DER UNTERJÄHRLICHEN RENTENPERIODEN ";M
6110 Q1 = P/100+1 : Q2 = P/M/100 +1
6120 IF R <> 0 THEN GOTO 6160 ELSE GOTO 6230
6130 '
```

```
6140 '------------------- Rentenrate bekannt -------------------------
6150 '
6160 RE = R  * ((P/100/2)*(M+1)+M)              :'Ersatzrente
6170 B1 = RE / (Q1^N)*(Q1^N-1)/(Q1-1)          :'Barwert bei einfacher Verz.
6180 B2 = (R/(Q2^(N*M)-1))*((Q2^(N*M)-1)/(Q2-1)) :'Barwert bei Zinseszinsen
6190 GOTO 6260
6200 '
6210 '------------------- Endwert bekannt -------------------------
6220 '
6230 RE = RN * (Q1-1)/(Q1^N-1)                 :'Ersatzrente
6240 B1 = RE/(Q1^N)*(Q1^N-1)/(Q1-1)           :'Barwert bei einfacher Verz.
6250 B2 = RN*(Q2-1)/(Q2*(Q2^N*M-1))/(Q2^(N*M)-1)*(Q2^N*M-1)/(Q2-1):'Zinsesz.
6260 B1 = INT(B1*100+.5)/100   :B2 = INT(B2*100+.5)/100
6270 LOCATE 18, 5:PRINT"BARWERT DER RENTE BEI,
6280 LOCATE 20, 5:PRINT"EINFACHER UNTERJÄHRLICHER VERZINSUNG:";B1;"DM
6290 LOCATE 22, 5:PRINT"UNTERJÄHRLICHER ZINSESZINSRECHNUNG  :";B2;"DM
6300 '
6310 '#################### BERECHNUNG DER RENTENPERIODEN ##################
6320 '
6330 CLS
6340 LOCATE  1, 5:PRINT"BERECHNUNG DER RENTENPERIODEN"
6350 LOCATE  5, 5:INPUT"BARWERT ";R0
6360 LOCATE  7, 5:INPUT"ENDWERT ";RN
6370 LOCATE  9, 5:INPUT"RENTENRATE ";R
6380 LOCATE 11, 5:INPUT"ZINSSATZ ";P
6390 LOCATE 13, 5:INPUT"ANZAHL DER UNTERJÄHRLICHEN PERIODEN ";M
6400 Q1=1+P/100 : Q2=1+P/M/100                 :'Zinssätze
6410 RE = (P/100/2*(M+1)+M)*R                  :'Ersatzrente
6420 IF R0 <> 0 GOTO 6520 ELSE GOTO 6460
6430 '
6440 '------------------- Barwert bekannt -------------------------
6450 '
6460 N1 = LOG((RN * (Q1-1)/RE)+1)/LOG(Q1)       :'N bei einfacher Verzinsung
6470 N2 = LOG((RN*(Q2-1)/(R*Q2))+1)/LOG(Q2) : N2=N2/M :'N bei Zinseszinsen
6480 GOTO 6540
6490 '
6500 '------------------- Endwert bekannt -------------------------
6510 '
6520 N1 =  LOG(1/(-((R0*(Q1-1))/RE)+1 ))/LOG(Q1) :'N bei einfacher Verzinsung
6530 N2 = (LOG(1/(-((R0*(Q2-1))/R )+Q2))/LOG(Q2))+1 : N2 = N2/M :'Zinseszins
6540 N1=INT(N1*100+.05)/100:N2=INT(N2*100+.05)/100
6550 LOCATE 18, 5:PRINT"DAUER DER RENTE BEI,"
6560 LOCATE 20, 5:PRINT"EINFACHER UNTERJÄHRLICHER VERZINSUNG:";N1;"JAHRE
6570 LOCATE 22, 5:PRINT"UNTERJÄHRLICHER ZINSESZINSRECHNUNG  :";N2;"JAHRE
6580 '
6590 '#################### BERECHNUNG DES ZINSSATZES ####################
6600 '
6610 CLS
6620 LOCATE  1, 5:PRINT"BERECHNUNG DES ZINSSATZES"
6630 LOCATE  5, 5:INPUT"BARWERT ";R0
6640 LOCATE  5,40:INPUT"ENDWERT ";RN
```

```
6650 LOCATE  7, 5:INPUT"UNTERJÄHRLICHE RENTENRATE ";R
6660 LOCATE  9, 5:INPUT"ANZAHL DER RENTENJAHRE ";N
6670 LOCATE 11, 5:INPUT"ANZAHL DER UNTERJÄHRLICHEN PERIODEN ";M
6680 LOCATE 13, 5:INPUT"STARTWERT ";X
6690 IF R0 <> 0 GOTO 7120 ELSE GOTO 6730
6700 '
6710 '--------------------- Endwert bekannt ---------------------------
6720 '
6730 LS = RN
6740 GOSUB 6850
6750 IF (LS - RS) > 0  THEN 6780
6760 IF (LS - RS) < 0  THEN 6820
6770 GOSUB 6850
6780 IF (LS-RS)  < .0000001 THEN 6890
6790 X = X + .005
6800 GOTO 6770
6810 GOSUB 6850
6820 IF (RS-LS)  < .0000001 THEN 6890
6830 X = X - .005
6840 GOTO 3120
6850 Q=1+X/M/100
6860 RS = R * (Q^(N*M)-1)/(Q-1)*Q
6870 LOCATE 15,33:PRINT"Bitte Warten"
6880 RETURN
6890 X = INT(X*100+.5)/100
6900 LOCATE 18,5:PRINT"ZINSSATZ BEI UNTERJÄHRLICHER VERZINSUNG ZU ZINSESZINSEN:
";X;"%
6910 GOSUB 6920
6920 GOSUB 7030
6930 IF (LS - RS) > 0  THEN 6960
6940 IF (LS - RS) < 0  THEN 7000
6950 GOSUB 7030
6960 IF (LS-RS)  < .0000001 THEN 7060
6970 X = X + .005
6980 GOTO 6950
6990 GOSUB 7030
7000 IF (RS-LS)  < .0000001 THEN 7060
7010 X = X - .005
7020 GOTO 6990
7030 Q=1+X/100
7040 RS = (((X/100)/2*(M+1)+M)*R)*(Q^N-1)/(Q-1)
7050 RETURN
7060 X = INT(X*100+.5)/100
7070 LOCATE 20,5:PRINT"ZINSSATZ BEI EINFACHER UNTERJÄHRLICHER VERZINSUNG : ";X;"
%
7080 RETURN
7090 '
7100 '--------------------- Barwert bekannt ---------------------------
7110 '
7120 LS = R0
7130 GOSUB 7240
```

```
7140 IF (RS - LS) > 0   THEN 7170
7150 IF (RS - LS) < 0   THEN 7210
7160 GOSUB 7240
7170 IF (RS-LS)  < .0000001 THEN 7280
7180 X = X + .005
7190 GOTO 7160
7200 GOSUB 7240
7210 IF (LS-RS)  < .0000001 THEN 7280
7220 X = X - .005
7230 GOTO 7200
7240 Q=1+X/M/100
7250 RS = (R/Q^(N*M))*(Q^(N*M)-1)/(Q-1)*Q
7260 LOCATE 15,33:PRINT"Bitte Warten"
7270 RETURN
7280 X = INT(X*100+.5)/100
7290 LOCATE 18,5:PRINT"ZINSSATZ BEI UNTERJÄHRLICHER VERZINSUNG ZU ZINSESZINSEN:
";X;"Z
7300 GOSUB 7320
7290 LOCATE 18,5:PRINT"ZINSSATZ BEI UNTERJÄHRLICHER VERZINSUNG ZU ZINSESZINSEN:
";X;"Z
7300 GOSUB 7320
7310 IF J$="J" OR J$="j" GOTO 6590 ELSE GOTO 5390
7320 GOSUB 7430
7330 IF (RS - LS) > 0   THEN 7360
7340 IF (RS - LS) < 0   THEN 7400
7350 GOSUB 7430
7360 IF (RS-LS)  < .0000001 THEN 7460
7370 X = X + .005
7380 GOTO 7350
7390 GOSUB 7430
7400 IF (LS-RS)  < .0000001 THEN 7460
7410 X = X - .005
7420 GOTO 7390
7430 Q=1+X/100
7440 RS=(R*(M+X/100/2*(M+1))/Q^N)*((Q^N-1)/(Q-1))
7450 RETURN
7460 X = INT(X*100+.5)/100
7470 LOCATE 20,5:PRINT"ZINSSATZ BEI EINFACHER UNTERJÄHRLICHER VERZINSUNG : ";X;"
Z
7480 RETURN
```

2.3 Ewige Renten

Eine ewige Rente ist offensichtlich nur denkbar, wenn als Rentenraten maximal die Zinsen ausbezahlt werden. Als ewige Renten werden insbesondere auch solche Fälle behandelt, in welchen eine Rentenzahlung auf unbestimmte Zeit vorgesehen ist. Ein typisches Beispiel hierfür ist der Verkauf eines Hauses auf Rentenbasis, wobei die Rente bis zum Tode des Verkäufers zu zahlen ist.

Da der Endwert einer ewigen Rente R_∞ unendlich groß ist, kann er nicht ermittelt werden. Für den Barwert gilt:

a) Bei nachschüssiger Rentenzahlung:

$$R_\infty = \frac{r}{i} \qquad\qquad (2\text{-}13)$$

b) Bei vorschüssiger Rentenzahlung:

$$R'_\infty = \frac{r}{1-v} \quad \text{mit} \quad v = \frac{1}{q} = \frac{1}{\left(\dfrac{p}{100}+1\right)} \qquad (2\text{-}14)$$

Damit lassen sich durch entsprechende Umstellung auch die Rentenrate und der Zinsfuß ermitteln. Die Laufzeit kann (wie auch der Endwert) nicht errechnet werden.

Beispiel 2.3-1:

Für Beispiel 2.1.1-1 soll der Barwert der ewigen Rente bei nachschüssiger und vorschüssiger Rentenzahlung ermittelt werden.

```
BERECHNUNG DES BARWERTES                                    EWIGE RENTEN
-------------------------------------------------------------------------
EINGABE:

RENTENRATE ?  13975.5

ZINSSATZ ?  7


-------------------------------------------------------------------------
ERGEBNIS:

BARWERT DER EWIGEN RENTE BEI,

NACHSCHÜSSIGER RENTENZAHLUNG: 199650 DM

VORSCHÜSSIGER RENTENUAHLUNG : 213625.3 DM
-------------------------------------------------------------------------
SOLL EINE WEITERE BERECHNUNG DURCHGEFÜHRT WERDEN (J/N)?
```

Programmlisting 2.3

```
7500 '##############################################################
7510 '*                    EWIGE RENTEN                            *
7520 '##############################################################
7530 '
7540 '
7550 '##############################################################
7560 '########## EWIGE RENTEN BEI NACHSCHÜSSIGER RENTENZAHLUNG ###########
7570 '##############################################################
7580 '
7590 '
7600 '##################### BERECHNUNG DES BARWERTES ####################
7610 '
7620 CLS
7630 LOCATE  1, 5:PRINT"BERECHNUNG DES BARWERTES"
7640 LOCATE  5, 5:INPUT"RENTENRATE ";R
7650 LOCATE  7, 5:INPUT"ZINSSATZ ";P
7660 R1 = R/(P/100) : R1=INT(R1#100+.5)/100
7670 Q = 1+P/100 : V=1/Q
7680 R2 = R/(1-V) : R2=INT(R2#100+.5)/100
7690 LOCATE 18, 5:PRINT"BARWERT DER EWIGEN RENTE BEI,
7700 LOCATE 20, 5:PRINT"NACHSCHÜSSIGER RENTENZAHLUNG:";R1;"DM
7710 LOCATE 22, 5:PRINT"VORSCHÜSSIGER RENTENUAHLUNG :";R2;"DM
7720 IF J$="J" OR J$="j" GOTO 7600
7730 '
7740 '##################### BERECHNUNG DER RENTENRATE ####################
7750 '
7760 CLS
7770 LOCATE  1, 5:PRINT"BERECHNUNG DER RENTENRATE"
7780 LOCATE  5, 5:INPUT"BARWERT ";R0
7790 LOCATE  7, 5:INPUT"ZINSSATZ ";P
7800 Q=1+P/100 : V=1/Q
7810 R1 = R0#(P/100) : R1=INT(R1#100+.5)/100
7820 R2 = R0#(1-V)    : R2=INT(R2#100+.5)/100
7830 LOCATE 18, 5:PRINT"BARWERT DER EWIGEN RENTE BEI,
7840 LOCATE 20, 5:PRINT"NACHSCHÜSSIGER RENTENZAHLUNG:";R1;"DM
7850 LOCATE 22, 5:PRINT"VORSCHÜSSIGER RENTENUAHLUNG :";R2;"DM
7860 IF J$="J" OR J$="j" GOTO 7740
7870 '
7880 '##################### BERECHNUNG DES ZINSSATZES ####################
7890 '
7900 CLS
7910 LOCATE  1, 5:PRINT"BERECHNUNG DES ZINSSATZES"
7920 LOCATE  5, 5:INPUT"RENTENRATE ";R
7930 LOCATE  7, 5:INPUT"BARWERT ";R0
7940 P1 = 100# R/R0            :P1=INT(P1#100+.5)/100
7950 P2 = 100#((1/(1-R/R0))-1):P2=INT(P2#100+.5)/100
7960 LOCATE 18, 5:PRINT"ZINSSATZ DER EWIGEN RENTE BEI,
7970 LOCATE 20, 5:PRINT"NACHSCHÜSSIGER RENTENZAHLUNG:";P1;"%
7980 LOCATE 22, 5:PRINT"VORSCHÜSSIGER RENTENUAHLUNG :";P2;"%
```

2.4 Spezielle Rentenformen

2.4.1 Aufgeschobene Rente

Eine aufgeschobene Rente liegt vor, wenn die Rentenzahlungen erst nach einer Leerzeit l (Wartezeit oder Karenzzeit) beginnt, die meist mehrere Jahre beträgt.

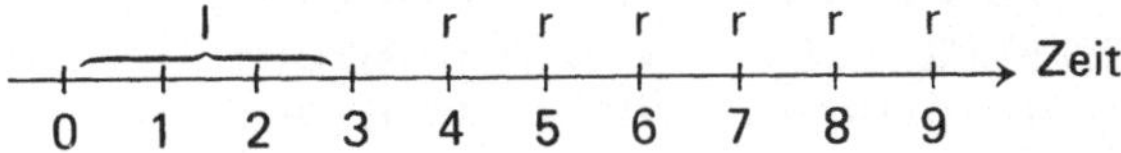

Der Endwert einer aufgeschobenen Rente wird nach den bekannten Regeln ermittelt. Um den Barwert zu berechnen, ist die Rentenreihe auf den Beginn der Leerzeit abzuzinsen. Das bedeutet, daß der auf den Beginn der mit Rentenzahlungen besetzten Perioden bezogene (vorläufige Rentenbarwert $\bar{R}_0$ ein Zwischenergebnis darstellt, das mit Hilfe des entsprechenden Barwertfaktors v auf den Beginn der Leerzeit abzuzinsen ist.

Beispiel 2.4.1-1:

Eine Rente von jährlich 3 000,– DM soll erst nach Ablauf von 3 Jahren beginnen und dann 6 mal hintereinander gezahlt werden. Wie hoch ist der Barwert der Rente bei einem Zinssatz von 5 %.

```
BERECHNUNG VON BARWERT UND ENDWERT                      Aufgeschobene Rente
-------------------------------------------------------------------------------
EINGABE:

RENTENRATE ? 3000

ZINSSATZ ? 5

WARTEZEIT (ANZAHL DER JAHRE) ? 3

ZAHLUNGSZEITRAUM (ANZAHL DER JAHRE) ? 6


-------------------------------------------------------------------------------
ERGEBNIS:


BARWERT DER AUFGESCHOBENEN RENTE :   13811.4 DM

ENDWERT DER AUFGESCHOBENEN RENTE :   21426.01 DM
-------------------------------------------------------------------------------
SOLL EINE WEITERE BERECHNUNG DURCHGEFÜHRT WERDEN (J/N)?
```

Programmlisting 2.4.1

```
8000 '#################################################################
8010 '#                  SPEZIELLE RENTENFORMEN                       #
8020 '#################################################################
8030 '
8040 '
8050 '#################################################################
8060 '######################### AUFGESCHOBENE RENTE ###################
8070 '#################################################################
8080 '
8090 CLS
8100 PRINT"     BERECHNUNG VON BARWERT UND ENDWERT"
8110 LOCATE  1,61:COLOR 0,7:PRINT"Aufgeschobene Rente":COLOR 7,0
8120 LOCATE  5,5:INPUT"RENTENRATE ";R
8130 LOCATE  7,5:INPUT"ZINSSATZ ";P
8140 LOCATE  9,5:INPUT"WARTEZEIT (ANZAHL DER JAHRE) ";M
8150 LOCATE 11,5:INPUT"ZAHLUNGSZEITRAUM (ANZAHL DER JAHRE) ";N
8160 Q=1+P/100
8170 RN= R*Q*(Q^N-1)/(Q-1)       :'Endwert der Rente
8180 B = RN/(Q^(M+N))            :'Barwert der Rente
8190 RN = INT(RN*100+.5)/100 : B = INT(B*100+.5)/100
8200 LOCATE 20, 5:PRINT"BARWERT DER AUFGESCHOBENEN RENTE : ";B;"DM
8210 LOCATE 22, 5:PRINT"ENDWERT DER AUFGESCHOBENEN RENTE : ";RN;"DM
8220 '
```

2.4.2 Abgebrochene Rente

Eine abgebrochene Rente ist gegeben, wenn die Rentenzahlungen zu einem bestimmten Zeitpunkt eingestellt werden und für den aufgelaufenen (vorläufigen) Endwert der Rente $\overline{R}_n$ noch einige Zeit Zinseszinsen zu verrechnen sind.

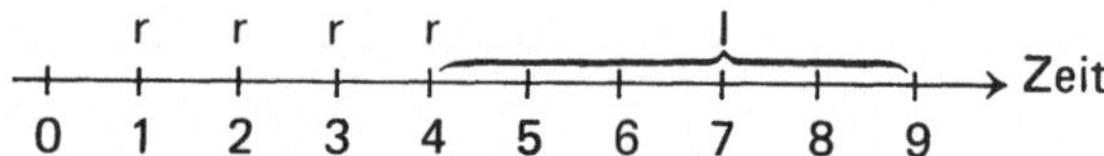

Hier bleibt die Bestimmung des Barwertes unverändert. Zur Ermittlung des Endwertes ist der auf das Ende der mit Rentenzahlungen besetzten Perioden bezogene (vorläufige) Endwert mit Hilfe des entsprechenden Aufzinsungsfaktors q bis zum Ende der Wartezeit hochzurechnen.

Beispiel 2.4.2-1:

Ein Rentenbetrag von 2000,– DM wird sechs Jahre lang jährlich bezahlt. Im Anschluß daran wird das Kapital weitere 8 Jahre zu Zinseszinsen verzinst. Wie hoch ist der Endwert (p = 7,5 %)?

```
BERECHNUNG VON BARWERT UND ENDWERT                        Abgebrochene Rente
----------------------------------------------------------------------------
EINGABE:

RENTENRATE ? 2000

ZINSSATZ ? 7.5

ZAHLUNGSZEITRAUM (ANZAHL DER JAHRE) ? 6

WARTEZEIT (ANZAHL DER JAHRE) ? 8
----------------------------------------------------------------------------
ERGEBNIS:

BARWERT DER ABGEBROCHENEN RENTE : 8123.48 DM

ENDWERT DER ABGEBROCHENEN RENTE :   22359.43 DM
----------------------------------------------------------------------------
SOLL EINE WEITERE BERECHNUNG DURCHGEFÜHRT WERDEN (J/N)?
```

Programmlisting 2.4.2

```
8230 '#############################################################
8240 '##################### ABGEBROCHENE RENTE ####################
8250 '#############################################################
3260 '
8270 CLS
8280 PRINT"     BERECHNUNG VON BARWERT UND ENDWERT"
8290 LOCATE  1,62:COLOR 0,7:PRINT"Abgebrochene Rente":COLOR 7,0
8300 LOCATE  5,5:INPUT"RENTENRATE ";R
8310 LOCATE  7,5:INPUT"ZINSSATZ ";P
8320 LOCATE  9,5:INPUT"ZAHLUNGSZEITRAUM (ANZAHL DER JAHRE) ";N
8330 LOCATE 11,5:INPUT"WARTEZEIT (ANZAHL DER JAHRE) ";M
8340 Q=1+P/100
8350 RN1=R*(Q^N-1)/(Q-1)            :'RN1=Vorläufiger Endwert
8360 RN2=RN1*(Q^N)                  :'RN2=Endwert
8370 B = RN2/(Q^(M+N))              :'Barwert der Rente
8380 RN2 = INT(RN2*100+.5)/100 : B = INT(B*100+.5)/100
8390 LOCATE 20, 5:PRINT"BARWERT DER ABGEBROCHENEN RENTE :";B;"DM
8400 LOCATE 22, 5:PRINT"ENDWERT DER ABGEBROCHENEN RENTE : ";RN2;"DM
8410 '
```

2.4.3 Unterbrochene Rente

Im Falle der unterbrochenen Rente liegen zwischen Perioden mit Rentenzahlungen eine oder mehrere Leerzeiten.

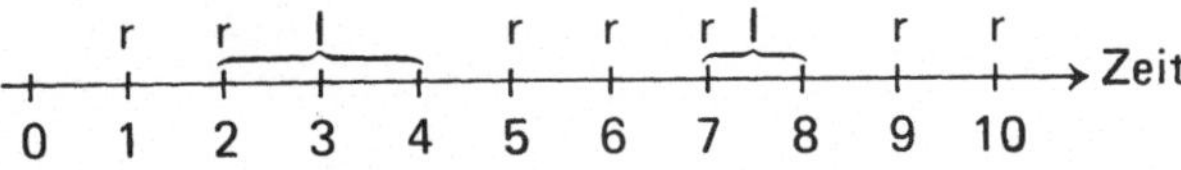

Zur Ermittlung des Barwertes ist in diesem Fall für jene Perioden, in welchen Rentenraten bezahlt werden, zunächst ein vorläufiger Barwert zu ermitteln. Diese vorläufigen Barwerte sind dann mit Hilfe des Abzinsungsfaktors v auf den Zeitpunkt 0 abzuzinsen, um auf den Barwert zu kommen. Für die Ermittlung des Endwertes sind die vorläufigen Endwerte zu errechnen und entsprechend aufzuzinsen.

Beispiel 2.4.3-1:

Im Rahmen einer Ehescheidung wird folgende Vereinbarung getroffen: Der Ehemann verpflichtet sich seiner Frau und seinem Sohn bis zu dessen Promotion, d.h. für 5 Jahre, eine monatliche Rente von 1 000,— DM zu zahlen. Danach wird die Rentenzahlung bis zu Beginn des Jahres ausgesetzt, in welchem die Ehefrau ihr 60. Lebensjahr vollendet. Diese Leerzeit beträgt genau 9 Kalenderjahre. Danach ist der Frau eine lebenslange Rente von monatlich 600,— DM zu bezahlen. Zur völligen Abgeltung aller Ansprüche soll der Barwert dieser Renten zum 1.1.19.., der als Zeitpunkt 0 definiert wurde, ausbezahlt werden. Wie hoch ist dieser Barwert? Der Zinsfuß beträgt 6 %.

```
BERECHNUNG DES BARWERTS                                    Unterbrochene Rente
------------------------------------------------------------------------------
EINGABE:

RENTE JE PERIODE ? 10000

ZINSSATZ ? 5

ANZAHL DER ERTRAGSPERIODEN ? 2

ANFANG DER 1 . ERTRAGSPERIODE ? 20
ENDE    DER 1 . ERTRAGSPERIODE ? 24

ANFANG DER 2 . ERTRAGSPERIODE ? 35
ENDE    DER 2 . ERTRAGSPERIODE ? 37

Barwert der unterbrochenen Rente : 22317.08 DM
------------------------------------------------------------------------------
SOLL EINE WEITERE BERECHNUNG DURCHGEFÜHRT WERDEN (J/N)?
```

Programmlisting 2.4.3

```
8420 '##############################################################################
8430 '######################## UNTERBROCHENE RENTE #################################
8440 '##############################################################################
8450 '
8460 CLS
8470 PRINT"    BERECHNUNG DES BARWERTS"
8480 LOCATE  1,61:COLOR 0,7:PRINT"Unterbrochene Rente":COLOR 7,0
8490 LOCATE 5, 5:INPUT"RENTE JE PERIODE ";R
8500 LOCATE 7, 5:INPUT"ZINSSATZ ";P
8510 LOCATE 9, 5:INPUT"ANZAHL DER ERTRAGSPERIODEN "; X
8520 PRINT
8530 B=0
8540 FOR I=1 TO X
8550 PRINT"    ANFANG DER"I". ERTRAGSPERIODE ";
8560 INPUT A(I)
8570 PRINT"    ENDE   DER"I". ERTRAGSPERIODE ";
8580 INPUT E(I)
```

```
8590 Q = 1+P/100
8600 N(I)=E(I)-A(I)
8610 B1(I)= R/(Q^(N(I)+1))*(Q^(N(I)+1)-1)/(Q-1)
8620 B2(I)= B1(I)/(Q^(A(I)-1))
8630 B = B + B2(I)
8640 PRINT
8650 NEXT I
8660 B = INT(B*100+.5)/100
8670 LOCATE 22, 5:PRINT"Barwert der unterbrochenen Rente :"B"DM
```

2.5 Anwendungsbeispiele

2.5.1 Sparbuch (Sparplan) mit Bonus

Bei dieser Sparform gibt es zwei Varianten. Es kann entweder in regelmäßiger Folge (z.B. monatlich) ein bestimmter Betrag auf ein Sparkonto einbezahlt werden, oder es erfolgt nur eine einmalige Zahlung. In beiden Fällen wird das Geld auf 5 Jahre fest angelegt. Das Guthaben wird wie langfristige Sparanlagen verzinst. Dazu kommt am Ende der Laufzeit ein Bonus, der meist 2 % der Einzahlungen ausmacht.

Beispiel 2.5.1-1:

Ein Sparer verpflichtet sich, ab dem 1.1. fünf Jahre lang monatlich 100,– DM auf ein Sparbuch einzuzahlen. Der Zinsfuß soll konstant 5 % betragen. Am Ende der Laufzeit wird ein Bonus von 2 % der Einzahlung gewährt.

a) Wie hoch sind Endkapital, Zinsen und Bonus?

b) Welche Effektivverzinsung ergibt sich?

Lösungshinweise: Es handelt sich um eine vorschüssige unterjährliche Rente. Dabei stehen die monatlichen Einzahlungen zu einfachen Zinsen, die Zinsgutschrift erfolgt jeweils zum Jahresende. Es ist deshalb eine konforme Ersatzrente nach Formel (2-12) zu ermitteln.

```
                                   Sparbuch (Sparplan) mit Bonus
----------------------------------------------------------------
EINGABE:

RENTENRATE ? 100

ANZAHL DER JAHRE ? 5

ANZAHL DER UNTERJÄHRLICHEN PERIODEN ? 12

ZINSSATZ ? 5

BONUS (IN %) ? 2
----------------------------------------------------------------
ERGEBNIS:

DAS ENDKAPITAL BETRÄGT: 6930.34 DM

DAVON SIND 810.34 DM ZINSEN UND 120 DM BONUS.

DIES ENTSPRICHT EINEM EFFEKTIVZINSSATZ VON 5.7 %
----------------------------------------------------------------
SOLL EINE WEITERE BERECHNUNG DURCHGEFÜHRT WERDEN (J/N)?
```

Programmlisting 2.5.1

```
8690 '########################################################################
8700 '*                      ANWENDUNGSBEISPIELE                             *
8710 '########################################################################
8720 '
8730 '
8740 '########################################################################
8750 '################## SPARBUCH (SPARPLAN) MIT BONUS ######################
8760 '########################################################################
8770 '
8780 '
8790 '######################### EINGABE ####################################
8800 '
8810 CLS
8820 LOCATE  1,51:COLOR 0,7:PRINT"Sparbuch (Sparplan) mit Bonus":COLOR 7,0
8830 LOCATE  5, 5:INPUT"RENTENRATE ";R
8840 LOCATE  7, 5:INPUT"ANZAHL DER JAHRE ";N
8850 LOCATE  9, 5:INPUT"ANZAHL DER UNTERJÄHRLICHEN PERIODEN ";M
8860 LOCATE 11, 5:INPUT"ZINSSATZ ";P
8870 LOCATE 13, 5:INPUT"BONUS (IN X) ";B
8880 '
8890 '##################### BERECHNUNG ####################################
8900 '
8910 RN1 = (((P/100)/2*(M+1)+M)*R)*(((P/100+1)^N-1)/((P/100+1)-1)):'Endkapital
8920 RN1 = INT(RN1*100+.5)/100
8930 BO  = R*M*N*B/100 : BO = INT(BO*100+.5)/100 :'Bonus
8940 RN2 = RN1 + BO
8950 Z   = RN1 - (R*M*N): Z=INT(Z*100+.5)/100    :'Zinsen
8960 '
8970 '---------- Iterative Ermittlung der Effektivverzinsung ---------------
8980 '
8990 LS=RN2 : X=P
9000 GOSUB 9110
9010 IF (LS - RS) > 0  THEN 9040
9020 IF (LS - RS) < 0  THEN 9080
9030 GOSUB 9110
9040 IF (LS-RS)  < .0000001 THEN 9170
9050 X = X + .005
9060 GOTO 9030
9070 GOSUB 9110
9080 IF (RS-LS)  < .0000001 THEN 9170
9090 X = X - .005
9100 GOTO 9070
9110 Q=1+X/100:LOCATE 15,33:PRINT"Bitte Warten"
9120 RS = (((X/100)/2*(M+1)+M)*R)*(Q^N-1)/(Q-1)
9130 RETURN
9140 '
```

```
9150 '############################ AUSGABE ##################################
9160 '
9170 X=INT(X*100+.5)/100
9180 LOCATE 18, 5:PRINT"DAS ENDKAPITAL BETRÄGT:";RN2;"DM
9190 LOCATE 20, 5:PRINT"DAVON SIND";Z;"DM ZINSEN UND";BO;"DM BONUS.
9200 LOCATE 22, 5:PRINT"DIES ENTSPRICHT EINEM EFFEKTIVZINSSATZ VON";X;"%
9210 '
9220 '
```

2.5.2 Persönlicher Kleinkredit

Es handelt sich hier um Kredite, die 5 000,— DM kaum übersteigen. Die Laufzeit geht selten über 36 Monate hinaus. Die Rückzahlung erfolgt in monatlichen Raten. Die Zinsen werden pro Monat angegeben und sind während der gesamten Laufzeit vom vollen Kreditbetrag zu zahlen. Dazu kommt meist eine einmalige Bearbeitungsgebühr; weitere Gebühren sowie eine Vermittlerprovision sind nicht selten. Zu beachten ist ferner, daß ein Teil dieser Kosten vielfach vorweg bei der Auszahlung abgezogen wird, so daß der zurückzuzahlende (Kredit-)Betrag und der ausbezahlte Betrag verschieden hoch sind. Da solche Kredite eigentlich nur über den Effektivzinsfuß vergleichbar sind, hat der Bund-Länder-Ausschuß „Preisauszeichnung" am 25.10.1979 ein Papier verabschiedet, das die Ermittlung des Effektivzinsfußes auf finanzmathematischen Grundlagen verlangt. Eine entsprechende Regelung ist von den Ländern am 30.6.1980 in Kraft gesetzt worden. Schließlich ist noch darauf hinzuweisen, daß die Kreditinstitute als Effektivzinsfuß vielfach nur jenen Effektivzinsfuß pro Jahr angeben, der sich ergibt, wenn man den Monatszinsfuß entsprechend umrechnet. Tatsächlich sind bei der Ermittlung des effektiven Jahreszinsfußes aber auch die Gebühren für den Kredit zu berücksichtigen, wodurch sich der Effektivzinsfuß beträchtlich erhöhen kann. Dieser Effektivzinsfuß wird von den Kreditinstituten zum Teil als effektive Gesamtbelastung im Jahr bezeichnet.

Beispiel 2.5.2-1:

Eine Bank vergibt einen Ratenkredit über 4 000,— DM zu folgenden Bedingungen: Monatszins 0,45 %, Bearbeitungsgebühr 2 %, Laufzeit 6 Monate.

a) Wie hoch sind die zu zahlenden Monatsraten?

b) Wie hoch ist der Effektivzinsfuß nach der Uniformmethode und auf finanzmathematischer Grundlage?

c) Wie würde der Effektivzinsfuß aussehen, wenn vom Kreditbetrag zusätzlich eine Antragsgebühr von 10,— DM einbehalten und pro Rate 0,50 DM Inkassospesen erhoben würden.

Lösungshinweis: Finanzmathematisch betrachtet, handelt es sich bei den Ratenkrediten um Renten.

```
                                                         Persönlicher Kleinkredit
------------------------------------------------------------------------------------
EINGABE:

Kreditbetrag ? 4000                  Monatszins (in Prozent) ? 0.45

Laufzeit in Monaten ? 6              Bearbeitungskosten in % vom Darlehen ? 2

Gebühren (in DM) ?                   Inkassospesen (monatl. in DM) ?

------------------------------------------------------------------------------------
ERGEBNIS:

Monatlicher Zins                                        : 108 DM
Monatsraten                                             : 698 DM
Effektivverzinsung nach Uniformmethode                  : 16.11 %
Effektivverzinsung nach finanzmathematischer Methode    : 17.15 %

------------------------------------------------------------------------------------
SOLL EINE WEITERE BERECHNUNG DURCHGEFÜHRT WERDEN (J/N)?
```
a)   b)

```
                                                         Persönlicher Kleinkredit
------------------------------------------------------------------------------------
EINGABE:

Kreditbetrag ? 4000                  Monatszins (in Prozent) ? 0.45

Laufzeit in Monaten ? 6              Bearbeitungskosten in % vom Darlehen ? 2

Gebühren (in DM) ? 10                Inkassospesen (monatl. in DM) ? 0.5

------------------------------------------------------------------------------------
ERGEBNIS:

Monatlicher Zins                                        : 108 DM
Monatsraten                                             : 700.17 DM
Effektivverzinsung nach Uniformmethode                  : 17.27 %
Effektivverzinsung nach finanzmathematischer Methode    : 19.47 %

------------------------------------------------------------------------------------
SOLL EINE WEITERE BERECHNUNG DURCHGEFÜHRT WERDEN (J/N)?
```
c)

Programmlisting 2.5.2

```
9230 '##############################################################################
9240 '################## PERSöNLICHER KLEINKREDIT ##############################
9250 '##############################################################################
9260 '
9270 '
9280 '############################# EINGABE ####################################
9290 '
9300 CLS
9310 LOCATE  1,56:COLOR 0,7:PRINT"Persönlicher Kleinkredit":COLOR 7,0
9320 LOCATE  5, 5:INPUT"Kreditbetrag ";K0
9330 LOCATE  5,38:INPUT"Monatszins (in Prozent) ";P
9340 LOCATE  7, 5:INPUT"Laufzeit in Monaten ";M
9350 LOCATE  7,38:INPUT"Bearbeitungskosten in % vom Darlehen ";BK
```

```
9360 LOCATE  9, 5:INPUT"Gebühren (in DM) ";AK
9370 LOCATE  9,38:INPUT"Inkassospesen (monatl. in DM) ";IS
9380 '
9390 '************************** BERECHNUNG **********************************
9400 '
9410 Z=P/100*M*KO         :'Zinsen
9420 PE1 = 2400*(P/100*M*KO+(KO*BK/100+AK+M*IS))/((KO-AK)*(M+1)):'Unimethode
9430 IF AK <> 0 OR IS <> 0 GOTO 9640 ELSE GOTO 9440
9440 R= (Z+KO*BK/100+KO)/M
9450 '
9460 '----------- Iterative Ermttlung der Effektivverzinsung --------------
9470 '
9480 X=PE1/12 : LS=KO : N=1
9490 GOSUB 9600
9500 IF (RS - LS) > 0  THEN 9530
9510 IF (RS - LS) < 0  THEN 9570
9520 GOSUB 9600
9530 IF (RS-LS)  < 1E-08 THEN 9830
9540 X = X + .001
9550 GOTO 9520
9560 GOSUB 9600
9570 IF (LS-RS)  < 1E-08 THEN 9830
9580 X = X - .001
9590 GOTO 9560
9600 Q=1+X/100 :LOCATE 15,33:PRINT"Bitte Warten"
9610 RS =  R/(Q^M)*(Q^M-1)/(Q-1)
9620 RETURN
9630 GOTO 9830
9640 R = (KO+Z+(KO*BK/100)+AK+(M*IS))/M
9650 X=PE1/12 : LS=KO-AK : N=1
9660 GOSUB 9600
9670 IF (RS - LS) > 0  THEN 9530
9680 IF (RS - LS) < 0  THEN 9570
9690 GOSUB 9600
9700 IF (RS-LS)  < 1E-08 THEN 9830
9710 X = X + .001
9720 GOTO 9520
9730 GOSUB 9600
9740 IF (LS-RS)  < 1E-08 THEN 9830
9750 X = X - .001
9760 GOTO 9560
9770 Q=1+X/100 :LOCATE 15,33:PRINT"Bitte Warten"
9780 RS =  R/(Q^M)*(Q^M-1)/(Q-1)
9790 RETURN
9800 '
9810 '************************** AUSGABE ************************************
9820 '
9830 PE2 = ((1+X/100)^12-1)*100
9840 PE1=INT(PE1*100+.5)/100
9850 PE2=INT(PE2*100+.5)/100
9860 Z  =INT(Z*100+.5)/100
```

```
9870 R  =INT(R*100+.5)/100
9880 LOCATE 18, 5:PRINT"Monatlicher Zins                              :";
Z"DM
9890 LOCATE 19, 5:PRINT"Monatsraten                                   :";
R"DM
9900 LOCATE 20, 5:PRINT"Effektivverzinsung nach Uniformmethode        :";
PE1"%
9910 LOCATE 21, 5:PRINT"Effektivverzinsung nach finanzmathematischer Methode :";
PE2"%
9920 '
```

2.5.3 Anschaffungsdarlehen

Das Anschaffungsdarlehen unterscheidet sich vom persönlichen Kleinkredit eigentlich nur durch Laufzeit und Höhe. Die Laufzeit kann hier sechs Jahre und mehr betragen. Der Kreditbetrag liegt in der Regel zwischen 5 000,– DM und 20 000,– DM. Ansonsten kann auf die Ausführungen im vorigen Abschnitt verwiesen werden.

Beispiel 2.5.3-1:

Herr Meier nimmt zum Kauf eines neuen Autos ein Anschaffungsdarlehen von 20 000,– DM auf. Der Monatszins beträgt 0,8 %, die Laufzeit 60 Monate, die Bearbeitungskosten 2 % von der Darlehenssumme und als Inkassospesen werden monatlich 1 DM verrechnet. Als einmalige Gebühr entstehen 240,– DM. Wie hoch ist der zurückzuzahlende Gesamtbetrag und die Monatsraten? Wie hoch ist die Effektivverzinsung nach der Uniform- und nach der finanzmathematischen Methode?

```
                                                        Anschaffungsdarlehen
------------------------------------------------------------------------------
EINGABE:

Kreditbetrag ? 20000              Monatszins (in Prozent) ? 0.8

Laufzeit in Monaten ? 60          Bearbeitungskosten in % vom Darlehen ? 2

Gebühren (in DM) ? 240            Inkassospesen (monatl. in DM) ? 1


------------------------------------------------------------------------------
ERGEBNIS:

Zurückzuzahlender Gesamtbetrag                        : 30300 DM
Monatsraten                                           : 505 DM
Effektivverzinsung nach Uniformmethode               : 20.51 %
Effektivverzinsung nach finanzmathematischer Methode : 19.9 %


------------------------------------------------------------------------------
SOLL EINE WEITERE BERECHNUNG DURCHGEFÜHRT WERDEN (J/N)? *
```

Programmlisting 2.5.3

```
9930 '##############################################################################
9940 '####################### ANSCHAFFUNGSDARLEHEN ##############################
9950 '##############################################################################
9960 '
9970 '
9980 '######################## AUSGABE ##########################################
9990 '
10000 CLS
10010 LOCATE  1,60:COLOR 0,7:PRINT"Anschaffungsdarlehen":COLOR 7,0
10020 LOCATE  5, 5:INPUT"Kreditbetrag ";KO
10030 LOCATE  5,38:INPUT"Monatszins (in Prozent) ";P
10040 LOCATE  7, 5:INPUT"Laufzeit in Monaten ";M
10050 LOCATE  7,38:INPUT"Bearbeitungskosten in % vom Darlehen ";BK
10060 LOCATE  9, 5:INPUT"Gebühren (in DM) ";AK
10070 LOCATE  9,38:INPUT"Inkassospesen (monatl. in DM) ";IS
10080 '
10090 '##################### BERECHNUNG ##########################################
10100 '
10110 Z=P/100*M*KO
10120 PE1 = 2400*(P/100*M*KO+(KO*BK/100+AK+M*IS))/((KO-AK)*(M+1))
10130 IF AK <> 0 OR IS <> 0 GOTO 10340 ELSE GOTO 10140
10140 KN= (Z+KO*BK/100+KO)        : R = KN/M
10150 '
10160 '----------- Iterative Ermittlung der Effektivverzinsung --------------
10170 '
10180 X=PE1/12 : LS=KO : N=1
10190 GOSUB 10300
10200 IF (RS - LS) > 0  THEN 10230
10210 IF (RS - LS) < 0  THEN 10270
10220 GOSUB 10300
10230 IF (RS-LS)  < 1E-08 THEN 10530
10240 X = X + .001
10250 GOTO 10220
10260 GOSUB 10300
10270 IF (LS-RS)  < 1E-08 THEN 10530
10280 X = X - .001
10290 GOTO 10260
10300 Q=1+X/100 :LOCATE 15,33:PRINT"Bitte Warten"
10310 RS =  R/(Q^M)*(Q^M-1)/(Q-1)
10320 RETURN
10330 GOTO 10530
10340 KN = (KO+Z+(KO*BK/100)+AK+(M*IS))    : R=KN/M
10350 X=PE1/12 : LS=KO-AK : N=1
10360 GOSUB 10300
10370 IF (RS - LS) > 0  THEN 10230
10380 IF (RS - LS) < 0  THEN 10270
10390 GOSUB 10300
10400 IF (RS-LS)  < 1E-08 THEN 10530
10410 X = X + .001
```

```
10420 GOTO 10220
10430 GOSUB 10300
10440 IF (LS-RS)  < 1E-08 THEN 10530
10450 X = X - .001
10460 GOTO 10260
10470 Q=1+X/100 :LOCATE 15,33:PRINT"Bitte Warten"
10480 RS =  R/(Q^M)*(Q^M-1)/(Q-1)
10490 RETURN
10500 '
10510 '*********************** AUSGABE *********************************
10520 '
10530 PE2 = ((1+X/100)^12-1)*100
10540 PE1=INT(PE1*100+.5)/100
10550 PE2=INT(PE2*100+.5)/100
10560 KN =INT(KN*100+.5)/100
10570 R  =INT(R*100+.5)/100
10580 LOCATE 18, 5:PRINT"Zurückzuzahlender Gesamtbetrag                 :"
;KN"DM
10590 LOCATE 19, 5:PRINT"Monatsraten                                    :"
;R"DM
10600 LOCATE 20, 5:PRINT"Effektivverzinsung nach Uniformmethode         :"
;PE1"%
10610 LOCATE 21, 5:PRINT"Effektivverzinsung nach finanzmathematischer Methode :"
;PE2"%
10620 '
```

3 Tilgungsrechnung

Die Tilgung eines Kredits kann entweder in einer Summe oder ratenweise (siehe Abschnitt 1.2.5.3) erfolgen, wobei die Raten in regelmäßigen oder unregelmäßigen Zeitabständen fällig sein können. Für die Wirtschaftspraxis ist allerdings nur der Fall der Tilgung von Krediten in Teilbeträgen in regelmäßigen Abständen von Interesse. Dabei ist die letzte Tilgungsrate zum Ende der Kreditlaufzeit fällig. Insoweit ist die Tilgung in konstanten Abständen ein Sonderproblem der Rentenrechnung. Die Tilgungsrechnung unterscheidet sich aber insofern im Ansatz von der Rentenrechnung, als es hier darauf ankommt, sogenannte Tilgungspläne zu erstellen, aus welchen der Schuldner die auf ihn zukommenden finanziellen Belastungen während der ganzen Laufzeit des Kredits ablesen kann. Dabei spielen neben den Tilgungsraten (T) natürlich auch die zu bezahlenden Zinsen (Z) eine wichtige Rolle. Der zu einem bestimmten Fälligkeitstermin für Zinsen und Tilgung zu bezahlende Betrag heißt Annuität (A). Es gilt also

$$\boxed{A = T + Z} \tag{3-1}$$

Für den Fall der Tilgung in mehreren Teilbeträgen werden üblicherweise die Ratentilgung (Tilgungsdarlehen) und die Annuitätentilgung (Annuitätendarlehen) unterschieden.

a) Bei der Ratentilgung wird ein jeweils gleichhoher Betrag der Schuld (konstante Tilgungsrate) zurückbezahlt. Die Zinsen werden i.d.R. auf der Basis der jeweiligen Restschuld berechnet, so daß sie bei fortschreitender Tilgung immer kleiner werden, womit, da die Tilgungsrate gleichbleibt, auch die Annuität abnimmt.

b) Bei der Annuitätentilgung wird die Annuität konstant gehalten. Die Zinsen nehmen auch hier mit fortschreitender Tilgung ab. Die Zinsersparnis führt hier aber nicht zu einer Verringerung der Annuität, sie wird vielmehr der Tilgungsrate zugeschlagen. Damit wird die Tilgungsrate im Laufe der Zeit immer größer, so daß die Restschuld mit zunehmender Tilgungsdauer immer schneller abnimmt (siehe Bild 3-1).

Ferner ist folgendes zu beachten:

a) Die Annuitäten (also Zins und Tilgung) können einerseits jährlich oder unterjährlich und andererseits vor- oder nachschüssig zahlbar sein.

b) Die Zinsen können jährlich oder unterjährlich fällig sein, sie können vorschüssig oder nachschüssig erhoben werden.

c) Die Auszahlung des Kredits kann zu 100 % oder unter Abzug eines Disagios erfolgen, so daß die Kreditsumme nicht voll ausgezahlt wird. Die Auszahlung kann z. B. 98 % betragen.

d) Für den Beginn der Tilgung können sogenannte Freijahre vereinbart werden. Das bedeutet, daß der Kredit zunächst nur verzinst werden muß, wogegen die Tilgung erst nach einer durch die Freijahre bestimmten Verzögerung beginnt.

e) Als weitere Kreditkosten fallen bei bestimmten Kreditarten (z. B. Grundschulden) Kosten für Notar und Grundbucheintragung an.

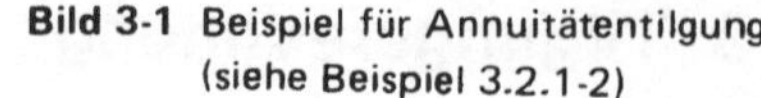

Bild 3-1 Beispiel für Annuitätentilgung (siehe Beispiel 3.2.1-2)

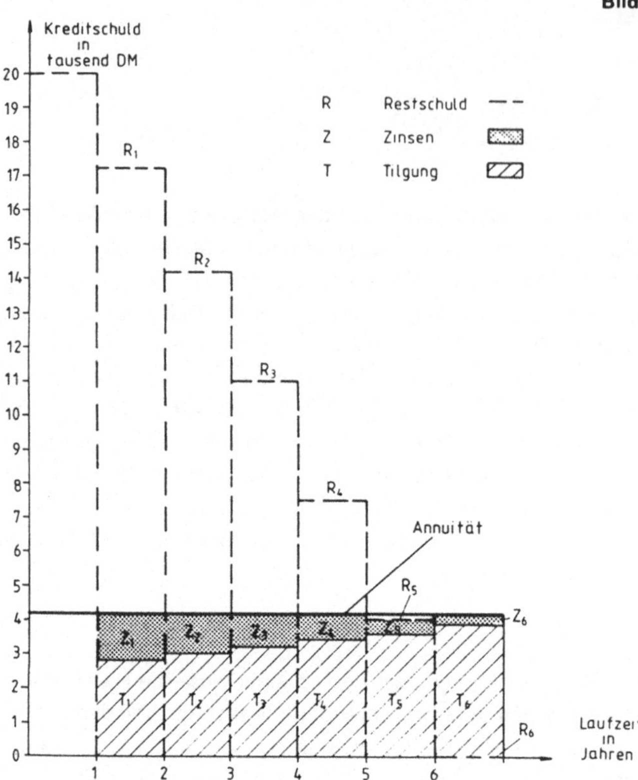

Aus den oben dargelegten Merkmalen ergibt sich eine Vielzahl von Kombinationen für die Tilgungs- und Verzinsungsmodalitäten eines Kredits. Hier können nur die auch für die Praxis wichtigen Fälle der nachschüssigen-jährlichen Zahlung von Zins und Tilgung und der nachschüssigen-unterjährlichen Zahlung von Zins und Tilgung behandelt werden. Dazu kommen die Probleme, welche aus der Gewährung von Freijahren und des Abzugs eines Disagios entstehen.

3.1 Tilgungsdarlehen (Ratentilgung)

3.1.1 Zins und Tilgung jährlich-nachschüssig zahlbar

Da die Tilgung T der Schuldsumme S hier in n gleichen Teilbeträgen erfolgen soll, gilt:

$$T = \frac{S}{n}$$

(3-2)

Für die Ermittlung der Restschuld RS, und der Höhe der Zinsen zum Ende des r-ten Jahres Z, gilt:

$$RS_r = T\,(n - r)$$

(3-3)

$$Z_r = T\,(n - r + 1)\,i$$

(3-4)

Daraus folgt für die Zusammensetzung der Annuität für das r-te Jahr:

$$A_r = T\,(1 + (n - r + 1)\,i)$$
(3-5)

Beispiel 3.1.1-1:

Ein Kredit über 50 000,— DM soll in 5 gleichen Jahresraten zurückgezahlt werden. Der Zinsfuß beträgt 6 %. Es soll der entsprechende Tilgungsplan erstellt werden.

```
Tilgungsplan für Ratentilgung                      Jährlich-nachschüssig zahlbar
---------------------------------------------------------------------------------

JAHR     RESTSCHULD ZU      6 % ZINS   TILGUNG    GESAMTZAHLUNG    RESTSCHULD AM
         JAHRESBEGINN                                              JAHRESENDE
---------------------------------------------------------------------------------

1        50000              3000       10000      13000            40000
2        40000              2400       10000      12400            30000
3        30000              1800       10000      11800            20000
4        20000              1200       10000      11200            10000
5        10000              600        10000      10600            0
---------------------------------------------------------------------------------
                            9000       50000      59000


---------------------------------------------------------------------------------
SOLL EINE WEITERE BERECHNUNG DURCHGEFÜHRT WERDEN (J/N)?
```

Programmlisting 3.1.1:

```
10 '###############################################################################
20 '###############################################################################
30 '############################# TILGUNGSRECHNUNG ################################
40 '###############################################################################
50 '###############################################################################
60 '
70 DIM R(100),Z(100),A(100),T(100),RS(100),AS(30,30),Z1(30,30)
80 '
90 '
100 '##############################################################################
110 '#                         RATENTILGUNG                                       #
120 '##############################################################################
130 '
140 '
150 '##############################################################################
160 '############## ZINS UND TILGUNG JÄHRLICH-NACHSCHÜSSIG ZAHLBAR ###############
170 '##############################################################################
180 '
190 '######################### EINGABE ##########################################
200 '
210 Z=0 : A=0   :'Zinssumme und Gesamtzahlung wird 0 gesetzt
220 CLS
230 PRINT"Ratentilgung"
240 LOCATE  1,52:COLOR 0,7:PRINT"Jährlich-nachschüssig zahlbar":COLOR 7,0
250 LOCATE  3, 1:PRINT"EINGABE:
260 LOCATE  5, 1:INPUT"ANFANGSSCHULD ";S
270 LOCATE  7, 1:INPUT"ANZAHL DER JAHRE ";N
280 LOCATE  9, 1:INPUT"ZINSSATZ ";P
```

```
290 LOCATE 12, 1:INPUT"HöHE DER AUSZAHLUNG (IN %) " ;C
300 LOCATE 14, 1:INPUT"ANZAHL DER FREIJAHRE ";K
310 '
320 '**************** BERECHNUNG DER EFFEKTIVVERZINSUNG ****************
330 '
340 IF C=0 THEN X=P : GOTO 540
350 X = P
360 GOSUB 470
370 IF (C1-C) > 0 THEN 400    :'C=Auszahlungkurs    C1 wird errechnet s.u.
380 IF (C1-C) < 0 THEN 440
390 GOSUB 470
400 IF (C1-C) < .00001 THEN 950
410 X = X + .01
420 GOTO 390
430 GOSUB 470
440 IF (C-C1) < .00001 THEN 950
450 X = X - .01
460 GOTO 430
470 '----------------- UNTERPROGRAMM ZUR BERECHNUNG VON C1 ----------------
480 LOCATE 23,33:PRINT"Bitte Warten"
490 Q = 1+X/100 : A1 = (Q^N-1)/((Q^N)*(Q-1)) :'A1 = Rentenbarwertfaktor
500              : A2 = (Q^K-1)/((Q^K)*(Q-1)) :'A2 = Rentenb.f. d. Freijahre
510 C1 = (P*A2)+((100/N)*(A1+((P/X)*(N-A1)))*(1/Q^K))
520 RETURN
530 '--------------------------------------------------------------------
540 X = INT(X*100+.5)/100
550 LOCATE  20, 1:PRINT"DER EFFEKTIVE ZINSSATZ BETRÄGT ";X;"%
560 '
570 '************************* AUSGABEKOPF *****************************
580 '
590 CLS
600 X=0
610 LOCATE 1,1:PRINT"Tilgungsplan für Ratentilgung":LOCATE 1,51:COLOR 0,7:PRINT"
Jährlich-nachschüssig zahlbar":COLOR 7,0
620 PRINT"-------------------------------------------------------------
---------"
630 PRINT"JAHR";TAB( 9);"RESTSCHULD ZU";TAB(26);P"% ZINS";TAB(40);"TILGUNG";TAB(
51);"GESAMTZAHLUNG";TAB(67);"RESTSCHULD AM"
640 PRINT"         JAHRESBEGINN                                        JAH
RESENDE"
650 PRINT"-------------------------------------------------------------
---------"
660 FOR I = 1 TO N
670 X=X+1:IF X= 16 THEN 680 ELSE GOTO 750
680 X=1: LOCATE 23,15:INPUT"ENTER = WEITER";ENT:CLS
690 LOCATE 1,1:PRINT"Tilgungsplan für Ratentilgung":LOCATE 1,51:COLOR 0,7:PRINT"
Jährlich-nachschüssig zahlbar":COLOR 7,0
700 PRINT"-------------------------------------------------------------
---------"
710 PRINT"JAHR";TAB( 9);"RESTSCHULD ZU";TAB(26);P"% ZINS";TAB(40);"TILGUNG";TAB(
51);"GESAMTZAHLUNG";TAB(67);"RESTSCHULD AM"
720 PRINT"         JAHRESBEGINN                                        JAH
```

```
RESENDE"
730 PRINT"-------------------------------------------------------------------
---------"
740 '
750 '######### BERECHNUNG VON TILGUNG, ZINS, RESTSCHULD, GESAMTZAHLUNG #######
760 '
770                               :'Zinssumme und Tilgungssumme auf 0 setzen
780 T= S/N                        :'Berechnung der Tilgung
790 Q = P/100                     :'Zinssatz
800 R(I)= T * (N - (I-1))         :'Berechnung des Restschuld
810 Z(I)= T * (N - I + 1) * Q     :'Berechnung der Zinsen
820 A(I)= T + Z(I)
830 Z = Z + Z(I)                  :'Aufsummierung der Zinsen
840 A = A + A(I)                  :'Aufsummierung der Gesamtzahlung
850 T =  INT(T*100+.5)/100
860 R(I)=INT(R(I)*100+.5)/100
870 Z(I)=INT(Z(I)*100+.5)/100
880 A   =INT(A*100+.5)/100
890 Z   =INT(Z*100+.5)/100
900 '
910 '######################### AUSGABEPROTOKOLL #############################
920 '
930 LOCATE X+5,1:PRINT;I;TAB(9);R(I);TAB(27);Z(I);TAB(40);T;TAB(52);A(I);TAB(67)
;R(I)-T
940 NEXT I
950 PRINT"-------------------------------------------------------------------
---------"
960 PRINT TAB(27);Z;TAB(40);S;TAB(52);A
970 '
```

3.1.2 Zins und Tilgung unterjährlich-nachschüssig zahlbar

In diesem Fall gibt es m Zins- und Tilgungsperioden pro Jahr. Bei einer Laufzeit von n Jahren ergeben sich also m·n Zins- und Tilgungsstichtage. Damit gilt:

$$\boxed{T = \frac{S}{m \cdot n}} \tag{3-6}$$

Werden die unterjährlichen Perioden mit u bezeichnet, so gilt jeweils für das Ende der u-ten Periode des r-ten Jahres:

$$RS_{u/r} = T\,(m\,(n - r + 1) - u) \tag{3-7}$$

$$Z_{u/r} = T\,(m\,(n - r + 1) - u + 1)\,i^* \tag{3-8}$$

$$A_{u/r} = T\,[1 + (m\,(n - r + 1) - u + 1)\,i^*] \tag{3-9}$$

$$i^* = \frac{i}{m} \quad \text{(vgl. Abschnitt 1.2.2.2)} \tag{3-10}$$

Für das Verständnis obiger Formeln ist es wichtig zu wissen, daß bei unterjährlich nachschüssiger Ratentilgung (unterjährlich-nachschüssige Bezahlung von Zins und Tilgung) die eigentlich erst jährlich-nachschüssig fälligen Zinsen bereits unterjährlich auf der Basis des periodischen Zinsfußes in Rechnung gestellt werden.

Beispiel 3.1.2-1:

Ein Kredit über 80 000 DM soll in 5 Jahren in gleichen vierteljährlichen Raten getilgt werden. Der Zinsfuß beträgt 10 % pro Jahr. Es ist ein Tilgungsplan (quartalsweise) für die gesamte Laufzeit zu erstellen. Wie groß ist der effektive Zinssatz bei halbjährlicher Fälligkeit der Zinsen?

```
Tilgungsplan für Ratentilgung                      Unterjährlich-nachschüssig zahlbar
-----------------------------------------------------------------------------------------
JAHR  PERIODE   RESTSCHULD ZU    10 % ZINS   TILGUNG   GESAMTZAHLUNG      RESTSCHULD
                JAHRESBEGINN                                             JAHRESENDE
-----------------------------------------------------------------------------------------
  1      1         80000           2000       4000         6000            76000
         2         76000           1900       4000         5900            72000
         3         72000           1800       4000         5800            68000
         4         68000           1700       4000         5700            64000
  2      1         64000           1600       4000         5600            60000
         2         60000           1500       4000         5500            56000
         3         56000           1400       4000         5400            52000
         4         52000           1300       4000         5300            48000
  3      1         48000           1200       4000         5200            44000
         2         44000           1100       4000         5100            40000
         3         40000           1000       4000         5000            36000
         4         36000            900       4000         4900            32000
  4      1         32000            800       4000         4800            28000
         2         28000            700       4000         4700            24000
         3         24000            600       4000         4600            20000

               ENTER = WEITER?


Tilgungsplan für Ratentilgung                      Unterjährlich-nachschüssig zahlbar
-----------------------------------------------------------------------------------------
JAHR  PERIODE   RESTSCHULD ZU    10 % ZINS   TILGUNG   GESAMTZAHLUNG      RESTSCHULD
                JAHRESBEGINN                                             JAHRESENDE
-----------------------------------------------------------------------------------------
         4         20000            500       4000         4500            16000
  5      1         16000            400       4000         4400            12000
         2         12000            300       4000         4300             8000
         3          8000            200       4000         4200             4000
         4          4000            100       4000         4100                0
-----------------------------------------------------------------------------------------
                                  21000      80000       101000

-----------------------------------------------------------------------------------------
SOLL EINE WEITERE BERECHNUNG DURCHGEFÜHRT WERDEN (J/N)?
```

Wird das *Disagio* vom beantragten und gewährten Kreditbetrag abgezogen, so spielt es für die Berechnung der Tilgungsrate, der Zinsen usw. keine Rolle. Maßgebend ist der gewährte Kreditbetrag. Die ausbezahlte Summe liegt dann aber unter dem beantragten Betrag. Um nun dem Kreditnehmer den von ihm tatsächlich benötigten Betrag zukommen zu lassen, ist es üblich, den Kredit um das Disagio zu erhöhen. In diesem Fall ist für alle Berechnungen von dem erhöhten Betrag auszugehen.

Während der Freijahre (tilgungsfreie Jahre) sind für die Schuld nur die vereinbarten Zinsen zu bezahlen. Die Tilgung setzt erst mit der vereinbarten Verzögerung ein. Freijahre und Disagio sind inbesondere für die Effektivverzinsung von Krediten bedeutsam. Dies wird in den entsprechenden Abschnitten berücksichtigt.

Programmlisting 3.1.2:

```
980  '##############################################################################
990  '########## ZINS UND TILGUNG UNTERJÄHRLICH-NACHSCHÜSSIG ZAHLBAR #########
1000 '##############################################################################
1010 '
1020 '########################## EINGABE ############################
1030 '
1040 Z=0 : TT=0 : ZT=0
1050 CLS
1060 PRINT"Ratentilgung"
1070 LOCATE 1,47:COLOR 0,7:PRINT"Unterjährlich-nachschüssig zahlbar":COLOR 7,0
1080 LOCATE  3, 1:PRINT"EINGABE:
1090 LOCATE  5, 1:INPUT"ANFANGSSCHULD ";S
1100 LOCATE  7, 1:INPUT"ANZAHL DER JAHRE ";N
1110 LOCATE  9, 1:INPUT"ANZAHL DER UNTERJÄHRLICHEN PERIODEN ";M
1120 LOCATE 11, 1:INPUT"ZINSSATZ ";P
1130 LOCATE 13, 1:INPUT"HÖHE DER AUSZAHLUNG (IN %) " ;C
1140 '
1150 '#################### BERECHNUNG DER EFFEKTIVVERZINSUNG ###############
1160 '
1170 IF C=0 THEN X=P : GOTO 1370
1180 X = P
1190 GOSUB 1300
1200 IF (C1-C) > 0 THEN 1230    :'C=Auszahlungskurs   C1 wird berechnet s.u.
1210 IF (C1-C) < 0 THEN 1270
1220 GOSUB 1300
1230 IF (C1-C) < .00001 THEN 1840
1240 X = X + .01
1250 GOTO 1220
1260 GOSUB 1300
1270 IF (C-C1) < .00001 THEN 1840
1280 X = X - .01
1290 GOTO 1260
1300 '--------------------UNTERPROGRAMM ZUR BERECHNUNG VON C1---------------
1310 LOCATE 23,33:PRINT"Bitte Warten"
1320 Q = 1+X/100
1330 A1 = (Q^N-1)/((Q^N)*(Q-1))   ':A1=Rentenbarwertfaktor
1340 C1 = (100/N)*(A1+((P/X)*(N-A1)))+(P/4*(1-A1/N))
1350 RETURN
1360 '----------------------------------------------------------------
1370 X=INT(X*100+.5)/100
1380 LOCATE  20, 1:PRINT"EFFEKTIVER ZINSSATZ BEI HALBJÄHRLICHER FÄLLIGKEIT DER Z
INSEN :"X"%
1390 '
```

```
1400 '*********************** AUSGABEKOPF ******************************
1410 '
1420 X=0
1430 CLS
1440 LOCATE 1,1:PRINT"Tilgungsplan für Ratentilgung":LOCATE 1,46:COLOR 0,7:PRINT
"Unterjährlich-nachschüssig zahlbar":COLOR 7,0
1450 PRINT"--------------------------------------------------------------
----------"
1460 PRINT"JAHR";TAB(7);"PERIODE";TAB(16);"RESTSCHULD ZU";TAB(31);P"% ZINS";TAB(
43);"TILGUNG";TAB(53);"GESAMTZAHLUNG";TAB(70);"RESTSCHULD"
1470 PRINT"                  JAHRESBEGINN
JAHRESENDE"
1480 PRINT"--------------------------------------------------------------
----------"
1490 FOR R = 1 TO N
1500 R$=STR$(R)
1510 FOR U = 1 TO M
1520 X=X+1:IF X=16 THEN 1530 ELSE GOTO 1600
1530 X=1: LOCATE 23,15:INPUT"ENTER = WEITER";ENT:CLS
1540 LOCATE 1,1:PRINT"Tilgungsplan für Ratentilgung":LOCATE 1,46:COLOR 0,7:PRINT
"Unterjährlich-nachschüssig zahlbar":COLOR 7,0
1550 PRINT"--------------------------------------------------------------
----------"
1560 PRINT"JAHR";TAB(7);"PERIODE";TAB(16);"RESTSCHULD ZU";TAB(31);P"% ZINS";TAB(
43);"TILGUNG";TAB(53);"GESAMTZAHLUNG";TAB(70);"RESTSCHULD"
1570 PRINT"                  JAHRESBEGINN
JAHRESENDE"
1580 PRINT"--------------------------------------------------------------
----------"
1590 '
1600 '********* BERECHNUNG VON TILGUNG, ZINS, RESTSCHULD, GESAMTZAHLUNG ******
1610 '
1620 T = S / (M*N)                      :'Berechnung der Tilgung
1630 Q = P/100/M                        :'Berechnung des Zinssatzes
1640 AS(U,R) =  T * (M*(N-(R-1))-(U-1)) :'Berechnung der Anfangsschuld
1650 Z1(U,R) =  T * (M*(N-R+1) - U+1)*Q :'Berechnung der Zinsen
1660 Z  = Z+Z1(U,R)                     :'Aufsummierung der Zinsen
1670 TT = TT+T                          :'Aufsummierung der Tilgungen
1680 ZT = Z+TT                          :'Aufsummierung der Zinsen+Tilgung
1690 T  = INT(T*100+.5)/100
1700 AS(U,R)=INT(AS(U,R)*100+.5)/100
1710 Z1(U,R)=INT(Z1(U,R)*100+.5)/100
1720 TT     =INT(TT*100+.5)/100
1730 Z      =INT(Z*100+.5)/100
1740 '
1750 '********************** AUSGABEPROTOKOLL ****************************
1760 '
1770 LOCATE X+5,1:PRINT;R$;TAB(7);U;TAB(16);AS(U,R);TAB(32);Z1(U,R);TAB(43);T;TA
B(55);Z1(U,R)+T;TAB(70);AS(U,R)-T
1780 R$=""
1790 NEXT U
1800 NEXT R
1810 PRINT"--------------------------------------------------------------
----------"
1820 PRINT TAB(32);Z;TAB(43);TT;TAB(55);ZT
```

3.1.3 Effektivverzinsung bei Ratentilgung

Bei Ratenschulden, für die weder Freijahre noch ein Disagio vereinbart wurde, entspricht der Nominalzinsfuß dem Effektivzinsfuß, sofern die Zahlung von Zins und Tilgung jährlich-nachschüssig erfolgt.

Erheblich schwieriger wird die Berechnung der Effektivverzinsung, wenn Freijahre gewährt werden und/oder ein Disagio vereinbart wurde.

a) Der Effektivzinsfuß kann ohne Berücksichtigung von Zinseszinsen in einer groben Annäherung nach der Bankenformel (siehe Formel (1-33) auf S. 36) berechnet werden. Nach dieser Formel gilt:

$$p_e = \frac{100p}{C} + \frac{100 - C}{n}$$

Dabei steht C für den Auszahlungskurs nach Abzug des Disagios.

b) Soll der Effektivzinsfuß möglichst genau unter Berücksichtigung von Zinseszinsen ermittelt werden, so bedarf es dazu eines iterativen Verfahrens, dessen Ziel erreicht ist, wenn, bei einem Nominalkapital von 100,— DM der Barwert der Zins- und Tilgungsraten dem Ausgabekurs entspricht. Der Effektivzinsfuß p_e, der dieser Bedingung gerecht wird, ist also zu suchen. Bei dieser Berechnung des Effektivzinsfußes wird allerdings davon ausgegangen, daß sich die Annuitäten weiterhin zum Effektivzinsfuß verzinsen, was der Realität nicht zu entsprechen braucht.

Für das iterative Verfahren gelten folgende Formeln:

Jährliche Zins- und Tilgungszahlung
Auszahlung unter 100 % (Disagio)

$$C = \frac{100}{n} \cdot \left[a_{n/e} + \frac{p}{p_e} \cdot (n - a_{n/e}) \right] \qquad (3\text{-}11)$$

$$a_{n/e} = \frac{q_e^n - 1}{q_e^n (q_e - 1)} = \text{Rentenbarwertfaktor} \qquad (3\text{-}12)$$

Jährliche Zins- und Tilgungszahlung mit Freijahren

$$C = p \cdot a_{k/e} + \frac{100}{n} \cdot \left[a_{n/e} + \frac{p}{p_e} \cdot (n - a_{n/e}) \right] \cdot \frac{1}{q_e^k} \qquad (3\text{-}13)$$

k = Zahl der Freijahre

Auch bei unterjährlicher Zinszahlung und jährlicher Tilgung muß der Effektivzinsfuß durch Iteration ermittelt werden. Für den häufigen Fall der halbjährlichen Fälligkeit der Zinsen gilt:

$$C = \frac{100}{n} \cdot \left[a_{n/e} + \frac{p}{p_e} \cdot (n - a_{n/e}) \right] +$$
$$+ \frac{p}{4} \cdot \left(1 - \frac{a_{n/e}}{n} \right) \qquad (3\text{-}14)$$

Beispiel 3.1.3-1:

Eine Schuld von 50 000 DM wird in 5 gleichen Jahresraten zurückgezahlt. Der Zinsfuß
beträgt 6 %. Wie hoch ist die Effektivverzinsung bei einer Auszahlung von 98 %? Ein
Tilgungsplan soll aufgestellt werden.

```
Ratentilgung                                            Jährlich-nachschüssig zahlb
---------------------------------------------------------------------------------
EINGABE:

ANFANGSSCHULD ? 50000

ANZAHL DER JAHRE ? 5

ZINSSATZ ? 6


HöHE DER AUSZAHLUNG (IN %) ? 98

ANZAHL DER FREIJAHRE ? 2
---------------------------------------------------------------------------------

DER EFFEKTIVE ZINSSATZ BETRÄGT  6.49 %

---------------------------------------------------------------------------------
                Zum Weitergehen betätigen Sie eine Taste
```

Beispiel 3.1.3-2:

Ein Kredit soll in 5 gleichen Jahresraten zurückgezahlt werden. Der Zinssatz beträgt 6 %.
Wie hoch ist die Effektivverzinsung unter Berücksichtigung von Zinseszinsen bei 98 %
Auszahlung und 2 Freijahren? Ein Tilgungsplan soll aufgestellt werden.

```
Tilgungsplan für Ratentilgung                           Jährlich-nachschüssig zahlba
-----------------------------------------------------------------------------------
JAHR    RESTSCHULD ZU      6 % ZINS        TILGUNG      GESAMTZAHLUNG    RESTSCHULD A
        JAHRESBEGINN                                                     JAHRESENDE
-----------------------------------------------------------------------------------
 1        50000            3000            10000          13000            40000
 2        40000            2400            10000          12400            30000
 3        30000            1800            10000          11800            20000
 4        20000            1200            10000          11200            10000
 5        10000             600            10000          10600                0
-----------------------------------------------------------------------------------
                          9000            50000          59000

-----------------------------------------------------------------------------------
SOLL EINE WEITERE BERECHNUNG DURCHGEFÜHRT WERDEN (J/N)?
```

3.2 Annuitätentilgung

3.2.1 Gleichbleibende Jahresannuitäten

Die Bestimmung einer konstanten Jahresannuität entspricht der Berechnung einer Rentenrate auf der Grundlage des Rentenbarwertes (vgl. Formel (2-2)). Deshalb gilt:

$$A = S \cdot q^n \cdot \frac{q-1}{q^n - 1} = T_1 \cdot q^n \tag{3-15}$$

Daraus folgt:

$$S = A \cdot \frac{1}{q^n} \cdot \frac{q^n - 1}{q - 1} \tag{3-16}$$

Für die Berechnung der Restschuld nach r Jahren, der Zins- und Tilgungsanteile im r-ten Jahr sowie der Laufzeit n gilt:

$$RS_r = S \cdot \frac{q^n - q^r}{q^n - 1} \tag{3-17}$$

$$T_r = S \cdot i \cdot \frac{q^r - 1}{q^n - 1} \tag{3-18}$$

$$Z_r = S \cdot i \cdot \frac{q^n - q^{r-1}}{q^n - 1} \tag{3-19}$$

$$n = \frac{\log r - \log(r - (Q - 1) \cdot K_0)}{\log Q \cdot y} \; ; \quad Q = 1 + \frac{p}{y \cdot 100} \tag{3-20}$$

Dabei steht y für die Zahl der jährlichen Tilgungsverrechnungen

Beispiel 3.2.1-1:

Ein Kredit über 10 000,– DM soll mit 8 % verzinst und in 6 gleichen Jahresraten zurückgezahlt werden. Ein Tilgungsplan soll aufgestellt werden.

```
Tilgungsplan für Annuitätentilgung              Gleichbleibende Jahresannuitäten
--------------------------------------------------------------------------------

JAHR     ANFANGSSCHULD       8 % ZINS      TILGUNG       ANNUITÄT      RESTSCHULD
--------------------------------------------------------------------------------
1        10000               800           1363.15       2163.15       8636.849
2        8636.849            690.95        1472.21       2163.15       7164.64
3        7164.64             573.17        1589.98       2163.15       5574.66
4        5574.66             445.97        1717.18       2163.15       3857.48
5        3857.48             308.6         1854.56       2163.15       2002.92
6        2002.92             160.23        2002.92       2163.15       0
--------------------------------------------------------------------------------
                            2978.92       10000         12978.9

--------------------------------------------------------------------------------
SOLL EINE WEITERE BERECHNUNG DURCHGEFÜHRT WERDEN (J/N)?
```

Beispiel 3.2.1-2:

Ein Kredit über 20 000,– DM soll in 6 Jahren durch gleichbleibende Annuitäten zurückgezahlt werden. Der Zinsfuß beträgt 7 %. Berechnen Sie die Tilgungsraten, die Zinsraten,
die Restschuld und die Zinssummen in jedem Jahr der Laufzeit.

```
Tilgungsplan für Annuitätentilgung              Gleichbleibende Jahresannuitäten
-------------------------------------------------------------------------------------
JAHR      ANFANGSSCHULD       7 % ZINS      TILGUNG       ANNUITÄT        RESTSCHULD
-------------------------------------------------------------------------------------
 1           20000             1400         2795.91       4195.91         17204.09
 2         17204.08          1204.29        2991.63       4195.91         14212.45
 3         14212.46           994.87        3201.04       4195.91         11011.42
 4         11011.41           770.8         3425.12       4195.91         7586.29
 5          7586.29           531.04        3664.87       4195.91         3921.42
 6          3921.42           274.5         3921.41       4195.91         0
-------------------------------------------------------------------------------------
                             5175.5         20000         25175.49

-------------------------------------------------------------------------------------
SOLL EINE WEITERE BERECHNUNG DURCHGEFÜHRT WERDEN (J/N)?
```

Programmlisting 3.2.1:

```
1840 '############################################################################
1850 '#                      ANNUITÄTENTILGUNG                                   #
1860 '############################################################################
1870 '
1880 '
1890 '############################################################################
1900 '################ GLEICHBLEIBENDE JAHRESANNUITÄTEN ###########################
1910 '############################################################################
1920 '
1930 '########################### EINGABE #########################################
1940 '
1950 Z=0 : A=0      :'Zinssumme und Annuitätensumme wird 0 gesetzt
1960 CLS
1970 PRINT"Annuitätentilgung"
1980 LOCATE  1,49:COLOR 0,7:PRINT"Gleichbleibende Jahresannuitäten":COLOR 7,0
1990 LOCATE  3, 1:PRINT"EINGABE:
2000 LOCATE  5, 1:INPUT"ANFANGSSCHULD ";S
2010 LOCATE  7, 1:INPUT"ANZAHL DER JAHRE ";N
2020 LOCATE  9, 1:INPUT"ZINSSATZ ";P
2030 LOCATE 11, 1:INPUT"HÖHE DER AUSZAHLUNG ";C
2040 LOCATE 13, 1:INPUT"ANZAHL DER FREIJAHRE ";K
2050 '
2060 '################### BERECHNUNG DER EFFEKTIVVERZINSUNG ###############
2070 '
2080 IF C=0 AND K=0 THEN X=P : GOTO 2290
2090 X = P
2100 GOSUB 2210
2110 IF (C1-C) > 0 THEN 2140  :'C=Auszahlungskurs   C1 wird berechnet s.u.
2120 IF (C1-C) < 0 THEN 2180
```

```
2130 GOSUB 2210
2140 IF (C1-C) < .00001 THEN 3000
2150 X = X + .01
2160 GOTO 2130
2170 GOSUB 2210
2180 IF (C-C1) < .00001 THEN 3000
2190 X = X - .01
2200 GOTO 2170
2210 '--------------- UNTERPROGRAMM ZUR BERECHNUNG VON C1 ------------------
2220 LOCATE 23,33:PRINT"Bitte Warten"
2230 Q = 1+X/100 : A1 = (Q^N-1)/((Q^N)*(Q-1))          :'A1=Rentenbarwertfaktor
2240             A2 = (Q^K-1)/((Q^K)*(Q-1))            :'A2=Rentenb. f.Freijahre
2250 Q1= 1+P/100 : AN= (Q1^N-1)/((Q1^N)*(Q1-1))
2260 C1 = (P*A2)+((A1/AN)*100)*(1/Q^K)
2270 RETURN
2280 '------------------------------------------------------------------------
2290 X = INT(X*100+.5)/100
2300 LOCATE  20, 1:PRINT"DER EFFEKTIVE ZINSSATZ BETRÄGT ";X;"%
2310 '
2320 '######################### AUSGABEKOPF ###################################
2330 '
2340 CLS
2350 X=0
2360 LOCATE 1,1:PRINT"Tilgungsplan für Annuitätentilgung":LOCATE 1,48:COLOR 0,7:
PRINT"Gleichbleibende Jahresannuitäten":COLOR 7,0
2370 PRINT"-----------------------------------------------------------------
----------"
2380 PRINT"JAHR";TAB(10);"ANFANGSSCHULD";TAB(28);P"% ZINS";TAB(42);"TILGUNG";TAB
(56);"ANNUITÄT";TAB(70);"RESTSCHULD"
2390 PRINT"-----------------------------------------------------------------
----------"
2400 FOR I = 1 TO N
2410 LET X=X+1:IF X= 17 THEN 2420 ELSE GOTO 2490
2420 X=1: LOCATE 23,15:INPUT"ENTER = WEITER";ENT:CLS
2430 LOCATE 1,1:PRINT"Tilgungsplan für Annuitätentilgung":LOCATE 1,48:COLOR 0,7:
PRINT"Gleichbleibende Jahresannuitäten":COLOR 7,0
2440 PRINT"-----------------------------------------------------------------
----------"
2450 PRINT"JAHR";TAB(10);"ANFANGSSCHULD";TAB(28);P"% ZINS";TAB(42);"TILGUNG";TAB
(56);"ANNUITÄT";TAB(70);"RESTSCHULD"
2460 PRINT"-----------------------------------------------------------------
----------"
2470 '
2480 '######### BERECHNUNG VON TILGUNG, ZINS, RESTSCHULD, GESAMTZAHLUNG ######
2490 '
2500 Q = 1+P/100                                 :'Berechnung des Zinssatzes
2510 Z(I) = S * P/100 *((Q^N)-(Q^(I-1)))/(Q^N-1) :'Berechnung der Zinsen
2520 T(I) = S * P/100 * (Q^(I-1))/(Q^N-1)         :'Berechnung der Tilgung
2530 R(I) = S * (Q^N-(Q^(I-1))) / (Q^N-1)         :'Berechnung der Restschuld
2540 A(I) =  T(I) + Z(I)                          :'Berechnung der Annuität
2550 Z = Z + Z(I)                                 :'Summierung der Zinsen
2560 A = A + A(I)                                 :'Summierung der Annuitäten
```

```
2570 Z(I)=INT(Z(I)*100+.5)/100
2580 T(I)=INT(T(I)*100+.5)/100
2590 R(I)=INT(R(I)*100+.5)/100
2600 A(I)=INT(A(I)*100+.5)/100
2610 Z=INT(Z*100+.5)/100 : A=INT(A*100+.5)/100
2620 '
2630 '***************** AUSGABEPROTOKOLL ********************************
2640 '
2650 LOCATE X+4,1:PRINT;I;TAB(11);R(I);TAB(28);Z(I);TAB(41);T(I);TAB(55);A(I);TA
B(69);R(I)-T(I)
2660 NEXT I
2670 IF R(N)-T(N) < 1 THEN 2680
2680 LOCATE X+4,70:PRINT"0          "
2690 PRINT"-----------------------------------------------------------------
----------"
2700 PRINT TAB(28);Z;TAB(41);S;TAB(55);A
2710 '
```

3.2.2 Jährliche Tilgung mit Prozentannuitäten

Für die Praxis ist es wünschenswert, daß Annuitäten möglichst auf volle DM-Beträge lauten. Dieses Ziel ist aber mit jährlich völlig gleichbleibenden Annuitäten höchst selten zu erreichen. Deshalb wird in der Praxis heute meist mit Prozentannuitäten gearbeitet. Dabei wird nicht nur die Verzinsung, sondern auch die Tilgung in einem Prozentsatz der ursprünglichen Schuld festgesetzt. Soll also z. B. ein Kredit von 30 000,– DM mit 5 % verzinst und mit 7 % getilgt werden, so beträgt die Annuität 12 % der Kreditsumme. Im Beispiel also 3600,– DM. Dabei ergeben sich fast immer gemischte Laufzeiten, d. h. Laufzeiten, die aus vollen Tilgungsperioden und Bruchteilen von Tilgungsperioden bestehen. Außerdem ergibt sich nach Ablauf der vollen Tilgungsperioden bei planmäßiger Tilgung eine Restschuld, die kleiner ist als eine normale Annuität. Die Restschuld wird durch eine sogenannte Abschlußzahlung getilgt, die mit der letzten (vollen) Annuität, zum Ende der gemischten Laufzeit oder zum nächsten Tilgungstermin fällig sein kann.

Für Rechnungen mit Prozentannuitäten ist neben den schon bekannten Formeln die Formel für die Abschlußzahlung (AZ) bedeutsam. Sie lautet:

$$\boxed{AZ = S \cdot q^g - A \cdot \frac{q^g - 1}{q - 1}} \qquad (3\text{-}21)$$

Mit dem Symbol g wird dabei diejenige Periode gekennzeichnet, für die letztmalig eine volle Annuität zu bezahlen ist.

Auch bei Tilgung mit Prozentannuitäten gelten die in Abschnitt 3.2.1 erklärten Regeln. Ferner lassen sich die Annuität bezogen auf einen Barwert von 100 % (Annuitätensatz), sowie die Zinsen und die Tilgung bezogen auf ein Endkapital von 100 % (Zinssatz und Tilgungssatz) ermitteln. Das soll u. a. im folgenden Beispiel gezeigt werden.

Beispiel 3.2.2-1:

Es soll ein Tilgungsplan aufgestellt werden, wenn ein Kredit über 200 000 DM aufgenommen werden soll, der jährlich mit 7 % verzinst und mit 8 % der Kreditsumme getilgt wird.

```
ilgungsplan für Annuitätentilgung      Jährliche Tilgung mit Prozentannuitäten
-----------------------------------------------------------------------------------
AHR     ANFANGSSCHULD      7 % ZINS      8 % TILGUNG     ANNUITÄT        RESTSCHULD
-----------------------------------------------------------------------------------
1          200000          14000          16000          30000           184000
2          184000          12880          17120          30000           166880
3          166880          11681.6        18318.4        30000           148561.6
4          148561.6        10399.31       19600.69       30000           128960.9
5          128960.9        9027.26        20972.74       30000           107988.1
6          107988.1        7559.17        22440.83       30000           85547.29
7          85547.26        5988.31        24011.69       30000           61535.57
8          61535.54        4307.49        25692.51       30000           35843.03
9          35843.01        2509.01        27490.99       30000           8352.018
-----------------------------------------------------------------------------------
                           78352.14       200000         270000

Effektiver Zinssatz:                                7 %
Restschuld nach  9  Jahren:                         8352.02 DM
Abschlußzahlung im 10 . Jahr (incl. Zinsen):        8936.66 DM

-----------------------------------------------------------------------------------
SOLL EINE WEITERE BERECHNUNG DURCHGEFÜHRT WERDEN (J/N)?
```

Programmlisting 3.2.2:

```
2720 '##############################################################################
2730 '################### JÄHRLICHE TILGUNG MIT PROZENTANNUITÄTEN ##################
2740 '##############################################################################
2750 '
2760 '############################### EINGABE ######################################
2770 '
2780 Z=0 : T=0 : A=0
2790 CLS
2800 PRINT"Annuitätentilgung"
2810 LOCATE  1,42:COLOR 0,7:PRINT"Jährliche Tilgung mit Prozentannuitäten":COLOR
     7,0
2820 LOCATE  3, 1:PRINT"EINGABE:
2830 LOCATE  5, 1:INPUT"ANFANGSSCHULD ";S
2840 LOCATE  7, 1:INPUT"TILGUNGSSATZ ";U
2850 LOCATE  9, 1:INPUT"VERZINSUNGSSATZ ";P
2860 LOCATE 11, 1:INPUT"AUSZAHLUNGSKURS ";C
2870 '
2880 '######################### AUSGABEKOPF #######################################
2890 '
2900 CLS
2910 X=0
2920 LOCATE 1,1:PRINT"Tilgungsplan für Annuitätentilgung":LOCATE 1,41:COLOR 0,7:
PRINT"Jährliche Tilgung mit Prozentannuitäten":COLOR 7,0
2930 PRINT"-------------------------------------------------------------------
---------"
2940 PRINT"JAHR";TAB(10);"ANFANGSSCHULD";TAB(29);P"% ZINS";TAB(41);U"% TILGUNG";
TAB(56);"ANNUITÄT";TAB(70);"RESTSCHULD"
2950 PRINT"-------------------------------------------------------------------
---------"
```

```
2960 Q = 1+P/100                                  :'Zinssatz
2970 A = S * ((P+U)/100)                          :'Berechnung der Annuität
2980 N = (LOG(A)-LOG(A-(P/100)*S))/LOG(Q)         :'Berechnung der Laufzeit
2990 N1= INT(N)
3000 FOR I = 1 TO N1
3010 X=X+1:IF X=13 THEN 3020 ELSE GOTO 3100
3020 X=1: LOCATE 23,15:INPUT"ENTER = WEITER";ENT:CLS
3030 LOCATE 1,1:PRINT"Tilgungsplan für Annuitätentilgung":LOCATE 1,41:COLOR 0,7:
PRINT"Jährliche Tilgung mit Prozentannuitäten":COLOR 7,0
3040 PRINT"-----------------------------------------------------------------
----------"
3050 PRINT"JAHR";TAB(10);"ANFANGSSCHULD";TAB(29);P"% ZINS";TAB(41);U"% TILGUNG";
TAB(56);"ANNUITÄT";TAB(70);"RESTSCHULD"
3060 PRINT"-----------------------------------------------------------------
----------"
3070 '
3080 '********* BERECHNUNG VON TILGUNG, ZINS, RESTSCHULD, ANNUITÄT **********
3090 '
3100 R(I)= S * ((Q^N-(Q^(I-1)))/(Q^N-1))              :'Berechnung der Restschuld
3110 Z(I)= S * P/100 * (((Q^N)-(Q^(I-1)))/(Q^N-1)):'Berechnung der Zinsen
3120 T(I)= S * P/100 * (Q^(I-1))/(Q^N-1)              :'Berechnung der Tilgung
3130 Z = Z + Z(I)                                     :'Aufsummierung der Zinsen
3140 T = T + T(I)                                     :'Aufsummierung der Tilgung
3150                                                   :'Aufsummierung der Annuität
3160 R(I)=INT(R(I)*100+.5)/100
3170 Z(I)=INT(Z(I)*100+.5)/100
3180 T(I)=INT(T(I)*100+.5)/100
3190 Z   =INT(Z*100+.5)/100
3200 T   =INT(T*100+.5)/100
3210 '
3220 '************************* AUSGABEPROTOKOLL *****************************
3230 '
3240 LOCATE X+4,1:PRINT;I;TAB(11);R(I);TAB(29);Z(I);TAB(41);T(I);TAB(56);A;TAB(6
9);R(I)-T(I)
3250 NEXT I
3260 PRINT"-----------------------------------------------------------------
----------"
3270 PRINT TAB(29);Z;TAB(41);S;TAB(56);A*N1
3280 GOSUB 3340
3290 RS=R(N1)-T(N1)  :RS=INT(RS*100+.5)/100        :'RS = Restschuld
3300 AZ=RS*(1+P/100) :AZ=INT(AZ*100+.5)/100        :'AZ = Abschlußzahlung
3310 PRINT"Restschuld nach "N1" Jahren:";TAB(50);RS"DM"
3320 PRINT"Abschlußzahlung im"N1+1". Jahr (incl. Zinsen):"TAB(50);AZ"DM"
3330 '
3340 '********* UNTERPROGRAMM ZUR BERECHNUNG DER EFFEKTIVVERZINSUNG ********
3350 '
3360 IF C=0 THEN X=P : GOTO 3530
3370 X = U
3380 GOSUB 3490
3390 IF (C1-C) > 0 THEN 3420
3400 IF (C1-C) < 0 THEN 3460
```

```
3410 GOSUB 3490
3420 IF (C1-C) < .00001 THEN 3530
3430 X = X + .01
3440 GOTO 3410
3450 GOSUB 3490
3460 IF (C-C1) < .00001 THEN  3530
3470 X = X - .01
3480 GOTO 3450
3490 '----------------------- UNTERPROGRAMM ----------------------------
3500 Q = 1+X/100 : A1 = (Q^N1-1)/((Q^N1)*(Q-1)) : A2 =  1/(Q^(N1+1))
3510 C1 =((A*A1)+((R(N1)-T(N1))*A2))/S*100
3520 RETURN
3530 '----------------------------------------------------------------
3540 X = INT(X*100+.5)/100
3550 PRINT:PRINT"Effektiver Zinssatz:";TAB(50);X"%"
3560 RETURN
```

3.2.3   Tilgung mit unterjährlichen Annuitäten

3.2.3.1   Unterjährliche Annuitäten bei sofortiger Tilgungsverrechnung auf der Basis von Zinseszinsen (Tilgungsperiode = Zinsperiode)

Unter Berücksichtigung der Unterjährlichkeit der Zahlungen gelten die bisherigen Regeln weiter.

Beispiel 3.2.3.1-1:

Es soll ein Tilgungsplan aufgestellt werden, wenn eine Schuld von 100 000 DM zu 6 % 10 Jahre lang steht. Sie soll in gleichbleibenden, halbjährlichen Raten getilgt werden.

```
Tilgungsplan für Annuitätentilgung       Unterjährliche Tilgung (Zinseszinsbasis)
```

JAHR	PERIODE	ANFANGSSCHULD	6 % ZINS	TILGUNG	ANNUITÄT	RESTSCHULD
1	1	100000	3000	3721.57	6721.57	96278.43
	2	96278.44	2888.35	3833.22	6721.57	92445.22
2	1	92445.22	2773.36	3948.22	6721.57	88497
	2	88497	2654.91	4066.66	6721.57	84430.34
3	1	84430.34	2532.91	4188.66	6721.57	80241.69
	2	80241.68	2407.25	4314.32	6721.57	75927.36
4	1	75927.36	2277.82	4443.75	6721.57	71483.61
	2	71483.6	2144.51	4577.06	6721.57	66906.54
5	1	66906.54	2007.2	4714.38	6721.57	62192.16
	2	62192.17	1865.77	4855.81	6721.57	57336.37
6	1	57336.36	1720.09	5001.48	6721.57	52334.88
	2	52334.89	1570.05	5151.53	6721.57	47183.36
7	1	47183.36	1415.5	5306.07	6721.57	41877.29
	2	41877.29	1256.32	5465.25	6721.57	36412.04
8	1	36412.04	1092.36	5629.21	6721.57	30782.83

```
        ENTER = WEITER?
```

Tilgungsplan für Annuitätentilgung   Unterjährliche Tilgung (Zinseszinsbasis

JAHR	PERIODE	ANFANGSSCHULD	6 % ZINS	TILGUNG	ANNUITÄT	RESTSCHUL
	2	30782.83	923.49	5798.09	6721.57	24984.74
9	1	24984.74	749.54	5972.03	6721.57	19012.71
	2	19012.71	570.38	6151.19	6721.57	12861.52
10	1	12861.52	385.85	6335.73	6721.57	6525.79
	2	6525.8	195.77	6525.8	6721.57	0
			34431.42	100000	134431.3	

SOLL EINE WEITERE BERECHNUNG DURCHGEFÜHRT WERDEN (J/N)?

Programmlisting 3.2.3.1:

```
3580 '##############################################################################
3590 '################  TILGUNG MIT UNTERJÄHRLICHEN ANNUITÄTEN ################
3600 '##############################################################################
3610 '
3620 '
3630 '##############################################################################
3640 '####### UNTERJÄHRLICHE ANNUITÄTEN AUF DER BASIS VON ZINSESZINSEN #######
3650 '##############################################################################
3660 '
3670 '######################### EINGABE #############################
3680 '
3690 ZZ=0 : AA=0 : TT=0
3700 CLS
3710 LOCATE  1, 1:PRINT"Annuitätentilgung"
3720 LOCATE  1,40:COLOR 0,7:PRINT"Unterjährliche Tilgung (Zinseszinsbasis)":COLO
R 7,0
3730 LOCATE  3, 1:PRINT"EINGABE:
3740 LOCATE  5, 1:INPUT"ANFANGSSCHULD ";S
3750 LOCATE  7, 1:INPUT"ANZAHL DER JAHRE ";N
3760 LOCATE  9, 1:INPUT"ANZAHL DER UNTERJÄHRLICHEN PERIODEN ";M
3770 LOCATE 11, 1:INPUT"ZINSSATZ ";P
3780 '
3790 '##################### AUSGABEKOPF ##############################
3800 '
3810 CLS
3820 I=0
3830 X=0
3840 LOCATE 1,1:PRINT"Tilgungsplan für Annuitätentilgung":LOCATE 1,40:COLOR 0,7:
PRINT"Unterjährliche Tilgung (Zinseszinsbasis)":COLOR 7,0
3850 PRINT"-------------------------------------------------------------------
----------"
3860 PRINT"JAHR";TAB(7);"PERIODE";TAB(17);"ANFANGSSCHULD";TAB(33);P"% ZINS";TAB(
47);"TILGUNG";TAB(58);"ANNUITÄT";TAB(70);"RESTSCHULD"
3870 PRINT"-------------------------------------------------------------------
----------"
```

```
3880 FOR R = 1 TO N
3890 R$ = STR$(R)
3900 FOR  U = 1 TO M
3910 I = I+1
3920 X = X+1:IF X=16 THEN 3930 ELSE GOTO 3990
3930 X=1:LOCATE 23,15:INPUT"ENTER = WEITER";ENT:CLS
3940 LOCATE 1,1:PRINT"Tilgungsplan für Annuitätentilgung":LOCATE 1,40:COLOR 0,7:
PRINT"Unterjährliche Tilgung (Zinseszinsbasis)":COLOR 7,0
3950 PRINT"-------------------------------------------------------------------
----------"
3960 PRINT"JAHR";TAB(7);"PERIODE";TAB(17);"ANFANGSSCHULD";TAB(33);P"% ZINS";TAB(
47);"TILGUNG";TAB(58);"ANNUITÄT";TAB(70);"RESTSCHULD"
3970 PRINT"-------------------------------------------------------------------
----------"
3980 '
3990 '******* BERECHNUNG VON ANNUITÄT, ZINSEN, TILGUNG, ANFANGSSCHULD ********
4000 '
4010 Q2 = P/M/100 : Q1 = 1+P/M/100              :'Zinssätze
4020 C = M * N                                  :'Berechnung der Perioden
4030 A = S * Q1^C * (Q1-1) / (Q1^C-1)           :'Berechnung der Annuität
4040 Z(I)=S * Q2 * ((Q1^C)-(Q1^(I-1)))/(Q1^C-1) :'Berechnung der Zinsen
4050 T(I)=S * Q2 * ((Q1^(I-1)))/(Q1^C-1)        :'Berechnung der Tilgung
4060 R(I)=S * ((Q1^C)-(Q1^(I-1)))/(Q1^C-1)      :'Berechnung der Anfangsschuld
4070 ZZ=ZZ+Z(I)                                 :'Aufsummierung der Zinsen
4080 AA= A+ AA                                  :'Aufsummierung der Annuität
4090 TT=TT+T(I)                                 :'Aufsummierung der Zinsen
4100 A   =INT(A*100+.5)/100
4110 Z(I)=INT(Z(I)*100+.5)/100
4120 T(I)=INT(T(I)*100+.5)/100
4130 R(I)=INT(R(I)*100+.5)/100
4140 ZZ  =INT(ZZ*100+.5)/100
4150 RR  =INT(RR*100+.5)/100
4160 TT  =INT(TT*100+.5)/100
4170 '
4180 '********************** AUSGABEPROTOKOLL **************************
4190 '
4200 LOCATE X+4,1:PRINT;R$;TAB(7);U;TAB(17);R(I);TAB(33);Z(I);TAB(46);T(I);TAB(5
7);A;TAB(69);R(I)-T(I)
4210 R$=""
4220 NEXT U
4230 NEXT R
4240 PRINT"-------------------------------------------------------------------
----------"
4250 PRINT TAB(33);ZZ;TAB(46);TT;TAB(56);AA
4260 '
```

3.2.3.2 Unterjährliche Annuitäten bei sofortiger Tilgungsverrechnung auf der Basis von einfachen Zinsen

Hier stimmen Tilgungsperiode und Zinsperiode nicht überein. Die unterjährliche Annuität a ist anhand der Jahresannuität A wie folgt zu berechnen:

$$a = \frac{A}{\frac{i}{2} \cdot (m-1) + m} \qquad (3\text{-}22)$$

Beispiel 3.2.3.2-1:

Ein Darlehen von 50 000,– DM soll in monatlichen Raten innerhalb von 2 Jahren getilgt werden. Die Zinsen von 6 % sind jeweils am Jahresende fällig.

a) Wie hoch ist die Jahresannuität?
b) Wie hoch ist die monatliche Rate?

Lösungshinweis: Die unterjährliche Annuität (Monatsrate) läßt sich wie folgt ermitteln:

$$a = \frac{\text{Jahresannuität}}{12 + \text{Jahreszinsfuß} \cdot \alpha} \qquad (3\text{-}23)$$

Dabei ist $\alpha = 0.0555$ (siehe Abschnitt 2.1.2 auf S. 46).

Allgemein formuliert läßt sich die Formel (3-23) wie folgt schreiben:

$$a = \frac{\text{Annuität zum Zinstermin}}{\beta + \text{Jahreszinsfuß} \cdot \alpha} \qquad (3\text{-}24)$$

Dabei gilt für β:

$$\beta = \frac{12}{Z_T \cdot P_D} \qquad (3\text{-}25)$$

Z_T Zahl der Zinstermine pro Jahr
P_D Abstand zwischen zwei unterjährlichen Ratenzahlungen

```
Tilgungsplan für Annuitätentilgung          Unterjährliche Tilgung (einfache Zinsen)
------------------------------------------------------------------------------------------
EINGABE:

ANFANGSSCHULD ? 50000

JAHRESZINS ? 6

ANZAHL DER JAHRE ? 2

ANZAHL DER UNTERJÄHRLICHEN PERIODEN ? 12
```

```
Tilgungsplan für Annuitätentilgung      Unterjährliche Tilgung (einfache Zinsen)
------------------------------------------------------------------------------------

JAHR     ANFANGSSCHULD    ANNUITÄT    TILGUNG    ZINSBETRAG    RESTSCHULD    ZINSEN
------------------------------------------------------------------------------------
1  1     50000            2211.83     2211.83                  47788.17      250
   2     47788.17         2211.83     2211.83                  45576.35      238.94
   3     45576.34         2211.83     2211.83                  43364.51      227.88
   4     43364.51         2211.83     2211.83                  41152.68      216.82
   5     41152.68         2211.83     2211.83                  38940.85      205.76
   6     38940.85         2211.83     2211.83                  36729.02      194.7
   7     36729.02         2211.83     2211.83                  34517.19      183.65
   8     34517.19         2211.83     2211.83                  32305.36      172.59
   9     32305.36         2211.83     2211.83                  30093.53      161.53
   10    30093.53         2211.83     2211.83                  27881.7       150.47
   11    27881.7          2211.83     2211.83                  25669.87      139.41
   12    25669.87         2211.83     -58.27002   2270.1       23458.04      128.35
2  1     25728.14         2211.83     2211.83                  23516.31      128.64
   2     23516.31         2211.83     2211.83                  21304.48      117.58
   3     21304.48         2211.83     2211.83                  19092.65      106.52


              ENTER = WEITER?
```

```
Tilgungsplan für Annuitätentilgung      Unterjährliche Tilgung (einfache Zinsen)
------------------------------------------------------------------------------------

JAHR     ANFANGSSCHULD    ANNUITÄT    TILGUNG    ZINSBETRAG    RESTSCHULD    ZINSEN
------------------------------------------------------------------------------------
   4     19092.65         2211.83     2211.83                  16880.82      95.46
   5     16880.82         2211.83     2211.83                  14668.99      84.4
   6     14668.99         2211.83     2211.83                  12457.16      73.34
   7     12457.16         2211.83     2211.83                  10245.33      62.29
   8     10245.33         2211.83     2211.83                  8033.5        51.23
   9     8033.5           2211.83     2211.83                  5821.67       40.17
   10    5821.67          2211.83     2211.83                  3609.84       29.11
   11    3609.84          2211.83     2211.83                  1398.01       18.05
   12    1398.01          2211.83     1398.05     813.78        0            6.99
------------------------------------------------------------------------------------

------------------------------------------------------------------------------------
LL EINE WEITERE BERECHNUNG DURCHGEFÜHRT WERDEN (J/N)?
```

Beispiel 3.2.3.2-2:

Ein Darlehen von 5 000,— DM soll in nachschüssigen Monatsraten in 2 Jahren getilgt werden. Der Zinssatz beträgt 8 % bei jährlicher Fälligkeit der Zinsen. Es soll ein Tilgungsplan erstellt werden.

```
Tilgungsplan für Annuitätentilgung      Unterjährliche Tilgung (einfache Zinsen)
------------------------------------------------------------------------------------

JAHR     ANFANGSSCHULD    ANNUITÄT    TILGUNG    ZINSBETRAG    RESTSCHULD    ZINSEN
------------------------------------------------------------------------------------
1  1     5000             227.48      227.48                   4772.52       37.5
   2     4772.52          227.48      227.48                   4545.04       35.79
   3     4545.04          227.48      227.48                   4317.56       34.09
   4     4317.56          227.48      227.48                   4090.08       32.38
   5     4090.08          227.48      227.48                   3862.6        30.68
   6     3862.6           227.48      227.48                   3635.12       28.97
   7     3635.12          227.48      227.48                   3407.64       27.26
   8     3407.64          227.48      227.48                   3180.16       25.56
   9     3180.16          227.48      227.48                   2952.68       23.85
   10    2952.68          227.48      227.48                   2725.2        22.15
   11    2725.2           227.48      227.48                   2497.72       20.44
   12    2497.72          227.48      -109.92     337.4         2270.24      18.73
2  1     2607.64          227.48      227.48                   2380.16       19.56
   2     2380.16          227.48      227.48                   2152.68       17.85
   3     2152.68          227.48      227.48                   1925.2        16.15


              ENTER = WEITER?
```

Tilgungsplan für Annuitätentilgung   Unterjährliche Tilgung (einfache Zinsen)

JAHR	ANFANGSSCHULD	ANNUITÄT	TILGUNG	ZINSBETRAG	RESTSCHULD	ZINSEN
4	1925.2	227.48	227.48		1697.72	14.44
5	1697.72	227.48	227.48		1470.24	12.73
6	1470.24	227.48	227.48		1242.76	11.03
7	1242.76	227.48	227.48		1015.28	9.32.
8	1015.28	227.48	227.48		787.8	7.61
9	787.8	227.48	227.48		560.32	5.91
10	560.32	227.48	227.48		332.84	4.2
11	332.84	227.48	227.48		105.36	2.5
12	105.36	227.48	105.39	122.09	0	.79

SOLL EINE WEITERE BERECHNUNG DURCHGEFÜHRT WERDEN (J/N)?

Programmlisting 3.2.3.2:

```
4270 '##############################################################
4280 '######### UNTERJÄHRLICHE TILGUNG AUF DER BASIS VON EINFACHEN ZINSEN #####
4290 '##############################################################
4300 '
4310 '######################### EINGABE ##############################
4320 '
4330 Z=0
4340 CLS
4350 LOCATE  1, 1:PRINT"Tilgungsplan für Annuitätentilgung"
4360 LOCATE  1,41:COLOR 0,7:PRINT"Unterjährliche Tilgung (einfache Zinsen)":COLO
R 7,0
4370 LOCATE  3, 1:PRINT"EINGABE:
4380 LOCATE  5, 1:INPUT"ANFANGSSCHULD ";S
4390 LOCATE  7, 1:INPUT"JAHRESZINS ";P
4400 LOCATE  9, 1:INPUT"ANZAHL DER JAHRE ";N
4410 LOCATE 11, 1:INPUT"ANZAHL DER UNTERJÄHRLICHEN PERIODEN ";M
4420 Q = 1+P/100                       :'Zinssatz
4430 A = S * Q^N * (Q-1) / (Q^N-1)     :'Berechnung der Jahresannuität
4440 AM = A / (M+(P/100/2)*(M-1))      :'Berechnung der unterj. Annuität
4450 '
4460 '######################### AUSGABEKOPF ##########################
4470 '
4480 CLS : X=0 : I = 0
4490 LOCATE 1,1:PRINT"Tilgungsplan für Annuitätentilgung":LOCATE 1,40:COLOR 0,7:
PRINT"Unterjährliche Tilgung (einfache Zinsen)":COLOR 7,0
4500 PRINT"-------------------------------------------------------
----------"
4510 PRINT" JAHR";TAB(10);"ANFANGSSCHULD";TAB(26);"ANNUITÄT";TAB(37);"TILGUNG";T
AB(47);"ZINSBETRAG";TAB(60);"RESTSCHULD";TAB(73);"ZINSEN"
4520 PRINT"-------------------------------------------------------
----------"
4530 FOR R = 1 TO N
4540 R$=STR$(R)
4550 FOR U = 1 TO M
```

```
4560 I = I + 1
4570 X=X+1:IF X=16 THEN 4580 ELSE GOTO 4640
4580 X=1:LOCATE 23,15:INPUT"ENTER = WEITER";ENT:CLS
4590 LOCATE 1,1:PRINT"Tilgungsplan für Annuitätentilgung":LOCATE 1,40:COLOR 0,7:
PRINT"Unterjährliche Tilgung (einfache Zinsen)":COLOR 7,0
4600 PRINT"----------------------------------------------------------------------
----------"
4610 PRINT" JAHR";TAB(10);"ANFANGSSCHULD";TAB(26);"ANNUITÄT";TAB(37);"TILGUNG";T
AB(47);"ZINSBETRAG";TAB(60);"RESTSCHULD";TAB(73);"ZINSEN"
4620 PRINT"----------------------------------------------------------------------
----------"
4630 '
4640 '######## BERECHNUNG VON TILGUNG, ZINS, ANFANGSSCHULD, RESTSCHULD #######
4650 '
4660 IF U=1 AND I<>1 THEN S=S-T+AM
4670 R(I) = S - (I-1)*AM                 :'Berechnung der Anfangsschuld
4680 Z(I) = R(I)*P/100/M                  :'Berechnung der Zinsen
4690 RS(I) = R(I)-AM                       :'Berechnung der Restschuld
4700 Z = Z + Z(I)                          :'Aufsummierung der Zinsen
4710 AM   =INT(AM*100+.5)/100
4720 R(I)=INT(R(I)*100+.5)/100
4730 Z(I)=INT(Z(I)*100+.5)/100
4740 RS(I)=INT(RS(I)*100+.5)/100
4750 Z    =INT(Z*100+.5)/100
4760 T$=STR$(AM)
4770 IF U=M   THEN T = AM-Z    :T$=STR$(T)
4780 IF U=M   THEN Z$=STR$(Z) : Z=0
4790 IF RS(M*N) < 0 THEN RS(M*N)=0
4800 '
4810 '########################### AUSGABEPROTOKOLL ##############################
4820 '
4830 LOCATE X+4,1:PRINT;R$;TAB(4);U;TAB(10);R(I);TAB(25);AM;TAB(36);T$;TAB(46);Z
$;TAB(59);RS(I);TAB(71);Z(I)
4840 R$="" :Z$=""
4850 NEXT U
4860 NEXT R
4870 PRINT"----------------------------------------------------------------------
----------"
```

3.2.4 Effektivverzinsung von Annuitätenschulden

Die Ermittlung des Effektivzinsfußes von Annuitätenschulden muß durch Iteration erfolgen, wie das insbesondere im Abschnitt 2.1.1 beschrieben wurde. Für die am wichtigsten erscheinenden Fälle werden nachstehend die entsprechenden Formeln angegeben.

Tilgung mit gleichbleibenden Jahresannuitäten

$$C = A \cdot a_{n/e} \quad \text{(für } K_0 = 100 \text{)} \quad \text{oder} \tag{3-26}$$

$$C = \frac{a_{n/e}}{a_n} \cdot 100 \tag{3-27}$$

Tilgung mit jährlichen Prozentannuitäten

$$C = A \cdot a_{(n_1 + n_2/e)} \quad \text{(für } K_0 = 100 \text{)} \quad \text{oder} \tag{3-28}$$

$$C = \frac{a_{(n_1 + n_2/e)}}{a_{(n_1 + n_2)}} \cdot 100 \tag{3-29}$$

n_1 = volle Jahre; n_2 = Jahresbruchteile

(Symbole siehe Abschnitt 3.1.3)

Bei unterjährlicher Zahlung der Annuitäten gelten die Formeln (3-26) bis (3-29) im Prinzip weiter. Allerdings ist der Effektivzins dabei auf die unterjährlichen Perioden zu beziehen. Auch die Laufzeit ist in unterjährlichen Perioden auszudrücken. Für die anzusetzenden Annuitäten gilt folgendes:

a) Bei sofortiger Tilgungsverrechnung auf Zinseszinsbasis (siehe Abschnitt 3.2.1) ist die unterjährliche Annuität analog zur Jahresannuität zu berechnen.

b) Bei sofortiger Tilgungsverrechnung mit einfachen Zinsen (siehe Abschnitt 3.2.3.2) ist von der unterjährlichen Annuität a (Formel (3-22)) auszugehen.

c) Für den Fall der verzögerten Zinsverrechnung ist der auf eine unterjährliche Periode entfallende Teil der Jahresannuität (A:m) anzusetzen.

Bei aufgeschobener Annuitätentilgung (Freijahre) gilt:

Aufgeschobene Tilgung mit gleichbleibenden Jahresannuitäten

$$C = p \cdot a_{k/e} + \left(\frac{a_{n/e}}{a_n} \cdot 100 \cdot \frac{1}{q_e^k} \right) \tag{3-30}$$

k Zahl der Freijahre

Aufgeschobene Tilgung mit Prozentannuitäten

$$C = 100 \cdot \frac{A \cdot a_{n_1/e} + AZ \cdot v^{n_1 + 1}}{K_0} \tag{3-31}$$

AZ Abschlußzahlung

Wenn A und AZ in Prozenten der Anfangsschuld K_0 ausgedrückt werden, gilt:

$$C = A \cdot a_{n_1/e} + AZ \cdot v^{n_1 + 1} \tag{3-32}$$

Die Effektivverzinsung wird im Programm jeweils bei der entsprechenden Tilgungsart errechnet.

Beispiel 3.2.4-1:

Eine Annuitätenschuld von 80 000,– DM wird mit 8 % verzinst. Die Laufzeit beträgt 12 Jahre bei 95 % Auszahlung.

Wie hoch ist die Effektivverzinsung

a) Bei gleichbleibenden Jahresannuitäten und 2 Freijahren?
b) Ein Tilgungsplan soll aufgestellt werden (ohne Berücksichtigung der Freijahre)

```
Annuitätentilgung                                    Gleichbleibende Jahresannuitäten
----------------------------------------------------------------------------------------
EINGABE:

ANFANGSSCHULD ? 80000

ANZAHL DER JAHRE ? 12

ZINSSATZ ? 8

HöHE DER AUSZAHLUNG ? 95

ANZAHL DER FREIJAHRE ? 2

----------------------------------------------------------------------------------------

DER EFFEKTIVE ZINSSATZ BETRÄGT   8.84 %

----------------------------------------------------------------------------------------
                  Zum Weitergehen betätigen Sie eine Taste
```

```
Tilgungsplan für Annuitätentilgung              Gleichbleibende Jahresannuitäten
----------------------------------------------------------------------------------------
```

JAHR	ANFANGSSCHULD	8 % ZINS	TILGUNG	ANNUITÄT	RESTSCHULD
1	80000	6400	4215.6	10615.6	75784.4
2	75784.4	6062.75	4552.85	10615.6	71231.55
3	71231.55	5698.52	4917.07	10615.6	66314.48
4	66314.48	5305.16	5310.44	10615.6	61004.04
5	61004.03	4880.32	5735.28	10615.6	55268.75
6	55268.76	4421.5	6194.1	10615.6	49074.66
7	49074.65	3925.97	6689.63	10615.6	42385.02
8	42385.03	3390.8	7224.8	10615.6	35160.23
9	35160.22	2812.82	7802.78	10615.6	27357.44
10	27357.44	2188.6	8427	10615.6	18930.44
11	18930.43	1514.43	9101.17	10615.6	9829.26
12	9829.26	786.34	9829.26	10615.6	0
		47387.22	80000	127387.2	

```
----------------------------------------------------------------------------------------
SOLL EINE WEITERE BERECHNUNG DURCHGEFÜHRT WERDEN (J/N)?
```

Beispiel 3.2.4-2:

Eine Annuitätenschuld von 80 000,– DM soll mit 8 % verzinst und mit 3 % pro Jahr getilgt werden. Die Auszahlung beträgt 95 %. Die Restschuld wird eine Periode nach der Fälligkeit der letzten vollen Annuität getilgt.

Ein Tilgungsplan soll aufgestellt werden. Ferner soll die Effektivverzinsung, die Tilgungs-
jahre, die Restschuld und die Abschlußzahlung nach dieser Zeit ermittelt werden.

```
Tilgungsplan für Annuitätentilgung       Jährliche Tilgung mit Prozentannuitäten
------------------------------------------------------------------------------------
JAHR     ANFANGSSCHULD        8 % ZINS    3 % TILGUNG   ANNUITÄT      RESTSCHULD
------------------------------------------------------------------------------------
 1         80000              6400         2400          8800          77600
 2         77600              6208         2592          8800          75008
 3         75008              6000.64      2799.36       8800          72208.64
 4         72208.63           5776.69      3023.31       8800          69185.32
 5         69185.33           5534.83      3265.17       8800          65920.16
 6         65920.15           5273.61      3526.39       8800          62393.76
 7         62393.77           4991.5       3808.5        8800          58585.27
 8         58585.26           4686.82      4113.18       8800          54472.08
 9         54472.09           4357.77      4442.23       8800          50029.86
10         50029.85           4002.39      4797.61       8800          45232.24
11         45232.23           3618.58      5181.42       8800          40050.81
12         40050.81           3204.07      5595.93       8800          34454.88

           ENTER = WEITER?
```

```
Tilgungsplan für Annuitätentilgung       Jährliche Tilgung mit Prozentannuitäten
------------------------------------------------------------------------------------
JAHR     ANFANGSSCHULD        8 % ZINS    3 % TILGUNG   ANNUITÄT      RESTSCHULD
------------------------------------------------------------------------------------
13         34454.87           2756.39      6043.61       8800          28411.26
14         28411.26           2272.9       6527.1        8800          21884.16
15         21884.16           1750.73      7049.27       8800          14834.89
16         14834.89           1186.79      7613.21       8800          7221.68
------------------------------------------------------------------------------------
                              68021.71     80000         140800

Effektiver Zinssatz:                          8.76 %
Restschuld nach  16  Jahren:                  7221.68 DM
Abschlußzahlung im 17 . Jahr (incl. Zinsen):  7799.42 DM

------------------------------------------------------------------------------------
SOLL EINE WEITERE BERECHNUNG DURCHGEFÜHRT WERDEN (J/N)?
```

4 Kapitalanlagen in festverzinslichen Wertpapieren und Aktien

Festverzinsliche Wertpapiere, zu welchen insbesondere Pfandbriefe, Anleihen der öffentlichen Hände und Obligationen gehören, sind mit einer festen Verzinsung, bezogen auf den Nennwert ausgestattet (Nominalverzinsung). Diese Papiere liefern also regelmäßige Zinserträge. Ob und in welcher Höhe Aktien Erträge (Dividenden) abwerfen, ist dagegen unsicher.

Um diese Formen der Kapitalanlage mit anderen Formen vergleichbar zu machen, ist die Effektivverzinsung (Rendite) zu ermitteln.

4.1 Renditen festverzinslicher Papiere

Zur Errechnung der Rendite, die sich durch den Erwerb einzelner Pfandbriefe, Obligationen usw. erzielen läßt, gilt ohne Berücksichtigung von Spesen und Ertragssteuern folgende Formel:

$$C_0 = p \cdot a_{n/e} + C_n \cdot v^n \qquad (4\text{-}1)$$

Werden An- und Verkaufsspesen sowie die Kapitalertragssteuer berücksichtigt, so gilt:

$$C_0 + S_A = p \cdot (1 - k_s) \cdot a_{n/e} + (C_n - S_V) \cdot v^n \qquad (4\text{-}2)$$

Zur Erleichterung für den Leser wird unten die Bedeutung aller Symbole aus den Formeln (4-1) und (4-2) erklärt:

Symbole	Bedeutung
C_0	Kaufkurs
p	Nomineller Zinsfuß
$a_{n/e}$	Effektiver Rentenbarwertfaktor
C_n	Verkaufskurs
v	Abzinsungsfaktor
n	Laufzeit
S_A	Spesen beim Ankauf
S_V	Spesen beim Verkauf
k_s	Steuersatz: 100

Um mit Hilfe dieser Formeln die Rendite p_e (Effektivverzinsung) von festverzinslichen Wertpapieren errechnen zu können, ist das in den vorhergehenden Abschnitten schon mehrfach praktizierte iterative Verfahren anzuwenden.

Beispiel 4.1.-1:

Ein Pfandbrief wird zum Kurs von 91 % gekauft und zu einem Kurs von 100 % nach 5 Jahren wieder verkauft. Der nominale Zinsfuß beträgt 5 %. Die An- und Verkaufsspesen betragen jeweils 3,5 % vom Kurswert. Der Kapitalertragssteuersatz beträgt 25 %.

Wie hoch ist die Effektivverzinsung?

```
BERECHNUNG                                    Rendite bei festverzinslichen Papiere
--------------------------------------------------------------------------------
EINGABE:

KAUFKURS ? 91                        VERKAUFSKURS ? 100

LAUFZEIT ? 5                         NOMINELLER ZINSSATZ ? 5

SPESEN BEIM ANKAUF (IN %) ? 3.5      SPESEN BEIM VERKAUF (IN %) ? 3.5

KAPITALERTRAGSSTEUER (IN %) ? 25


--------------------------------------------------------------------------------
ERGEBNIS:

Die Effektivverzinsung liegt bei   4.43 %


--------------------------------------------------------------------------------
SOLL EINE WEITERE BERECHNUNG DURCHGEFÜHRT WERDEN (J/N)?
```

Programmlisting 4.1:

```
10 '############################################################################
20 '############################################################################
30 '####### KAPITALANLAGEN IN FESTVERZINSLICHEN WERTPAPIEREN UND AKTIEN ######
40 '############################################################################
50 '############################################################################
60 '
70 DIM D(100),C(100)
80 '
90 '
100 '###########################################################################
110 '#          EFFEKTIVVERZINSUNG FESTVERZINSLICHER PAPIERE                  #
120 '###########################################################################
130 '
140 '
150 '##################### EINGABE ##############################
160 '
170 LOCATE 1, 1:PRINT"BERECHNUNG
180 LOCATE 1,42:COLOR 0,7:PRINT"Rendite bei festverzinslichen Papieren":COLOR 7
,0
```

```
190 PRINT"-----------------------------------------------------------------------
---------"
200 LOCATE   3, 1:PRINT"EINGABE:
210 LOCATE   5, 1:INPUT"KAUFKURS ";C0
220 LOCATE   5,40:INPUT"VERKAUFSKURS ";CN
230 LOCATE   7, 1:INPUT"LAUFZEIT ";N
240 LOCATE   7,40:INPUT"NOMINELLER ZINSSATZ ";P
250 LOCATE   9, 1:INPUT"SPESEN BEIM ANKAUF (IN %) ";SA
260 LOCATE   9,40:INPUT"SPESEN BEIM VERKAUF (IN %) ";SV
270 LOCATE  11, 1:INPUT"KAPITALERTRAGSSTEUER (IN %) ";KS
280 '
290 '********** BERECHNUNG DER EFFEKTIVVERZINSUNG DURCH ITERATION *************
300 '
310 X = P
320 Q = 1+P/100
330 C1= C0 + ((SA/100)*C0)   :'Linke Seite der Formel
340 GOSUB 460
350 IF (C-C1) > 0  THEN  380
360 IF (C-C1) < 0  THEN  420
370 GOSUB 460
380 IF (C-C1) < .00001 THEN 550
390 X = X + .005
400 GOTO 370
410 GOSUB 460
420 IF (C1-C) < .00001 THEN 550
430 X = X - .005
440 GOTO 410
450 '-------------------------- UNTERPROGRAMM --------------------------
460 Q = 1+X/100                    :'Zinssatz zu Rentenbarwertfaktor
470 A = (Q^N-1) /((Q^N)*(Q-1))        :'Rentenbarwertfaktor
480 C = P*(1-(KS/100))*A+(CN-((SV/100)*CN))*((1/Q)^N)        :'R.S. d. Formel
490 LOCATE  15,32:PRINT"Bitte Warten"
500 LOCATE  18,20:PRINT"Zinssatz wird iterativ ermittelt :"X"%"
510 RETURN
520 '
530 '************************** AUSGABE **********************************
540 '
550 X = INT(X*100+.5)/100
560 LOCATE 15,1:PRINT"-----------------------------------------------------------
-------------------"
570 LOCATE 16,1:PRINT"ERGEBNIS:
580 LOCATE 18,1:PRINT"Die Effektivverzinsung liegt bei ";X;"%


590 '
```

4.2 Renditen von Aktien

Die Formeln (4-1) und (4-2) lassen sich auf Aktien nicht anwenden, weil diese keine gleichmäßigen Zinserträge abwerfen. Es besteht jedoch die Möglichkeit, die Dividenden als Zinsen aufzufassen und sie auf einen Aktiennennwert von 100,— DM zu beziehen. Damit entspricht z. B. eine Dividende von 6,— DM für eine Aktie mit 50,— DM Nennwert einer Nominalverzinsung von 12 %. Damit läßt sich die Rendite von Aktien nach Formel (1-32), die sich auf S. 31 befindet, errechnen.

Beispiel 4.2.-1:

Herr Maier hat vor 2 Jahren Aktien einer großen Gesellschaft im Nennwert von 50 000,— DM zum Kurs von 110 % erworben. Inzwischen sind diese Aktien auf einen Kurs von 150 % gestiegen. Im ersten Jahr haben sie 8,— DM und im zweiten Jahr 6,— DM Dividende je 50,— DM Nennwert abgeworfen. Die An- und Verkaufsspesen betragen jeweils 3,6 % vom Kurswert.

Welche Rendite ergibt sich?

Lösungshinweis: Es ist folgende Gleichung iterativ zu lösen:

$$C_0 + S_A = p_1 \cdot v_e + p_2 \cdot v_e^2 + (C_n - S_V) \cdot v_e^2 \qquad\qquad (4\text{-}3)$$

Wäre die Kapitalertragssteuer zu berücksichtigen, so könnte das in gleicher Weise wie in Formel (4-2) geschehen.

```
BERECHNUNG                                                    RENDITE BEI AKTIEN
--------------------------------------------------------------------------------
EINGABE:

KAUFKURS ? 110                          VERKAUFSKURS ? 150

SPESEN BEIM KAUF (IN %) ? 3.6           SPESEN BEIM VERKAUF (IN %) ? 3.6

KAPITALERTRAGSSTEUER (IN %) ?           NENNWERT DER AKTIE ? 50

STARTWERT ? 25
--------------------------------------------------------------------------------
EINGABE DER DIVIDENDEN (ENDE MIT 0)

  1 . DIVIDENDE ? 8
  2 . DIVIDENDE ? 6
  3 . DIVIDENDE ? 0

Die Effektivverzinsung der Aktien liegt bei 24.45 %
--------------------------------------------------------------------------------
SOLL EINE WEITERE BERECHNUNG DURCHGEFÜHRT WERDEN (J/N)?
```

Eine näherungsweise Errechnung der Rendite von Aktien — und auch von festverzinslichen Wertpapieren — ist möglich, wenn zwischen der Kursrendite R_K und der Zinsrendite R_Z unterschieden wird.

Zur Ermittlung der Kursrendite wird die Kapitalanlage in Wertpapieren als eine Anlage zu Zinseszinsen interpretiert. Als „Zinsertrag" wird dabei die um die An- und Verkaufsspesen korrigierte Differenz zwischen Ankaufs- und Verkaufspreis betrachtet, wobei ein Verlust als Ergebnis einer negativen Verzinsung anzusehen ist.

Für die Bestimmung der Zinsrendite werden die angefallenen Dividenden als Bruttozinserträge interpretiert, die um die Kapitalertragssteuer zu korrigieren sind, um zu den Nettozinserträgen zu kommen. Die eigentliche Errechnung der Zinsrendite erfolgt hier nach den Regeln der einfachen Zinsrechnung, weil die fiktiven Zinserträge ausgezahlt und damit nicht zusammen mit dem eingesetzten Kapital weiterverzinst werden können. Insoweit ist diese Form der Berechnung sogar realistischer als die oben beschriebene Form, die nach den Regeln der Zinseszinsrechnung vorgenommen wird und deshalb davon ausgehen muß, daß die ausbezahlten Zinsen wieder zum Effektivzinsfuß (Rendite) angelegt werden, was tatsächlich aber nur selten der Fall sein wird.

Durch Addition von Kursrendite R_K und Zinsrendite R_Z läßt sich dann die Gesamtrendite R_G feststellen.

Wird der beschriebene Sachverhalt in mathematische Formeln gefaßt, so gilt:

$$R_K = \left(\sqrt[n]{\frac{K_V - S_V}{K_A + S_A}} - 1 \right) \cdot 100 \qquad (4\text{-}4)$$

$$R_Z = 100 \cdot \frac{N_E}{n \cdot K_A} \qquad (4\text{-}5)$$

$$N_E = D \cdot (1 - k_s) - S \qquad (4\text{-}6)$$

$$R_G = R_K + R_z \qquad (4\text{-}7)$$

Die neu eingeführten Symbole haben folgende Bedeutung:

Symbole	Bedeutung
K_V	Verkaufspreis
K_A	Ankaufspreis
D	Dividenden (Summe)
S	Spesen
N_E	Nettodividende

Beispiel 4.2-2:

Das oben nach Formel (4-3) gelöste Beispiel soll anhand der Formeln (4-4) bis (4-7) unter Berücksichtigung von 25 % Kapitalertragssteuer gelöst werden.

```
BERECHNUNG                                                RENDITE BEI AKTIEN
-----------------------------------------------------------------------------
EINGABE:

KAUFKURS ? 110                          VERKAUFSKURS ? 150

SPESEN BEIM KAUF (IN %) ? 3.6           SPESEN BEIM VERKAUF (IN %) ? 3.6

KAPITALERTRAGSSTEUER (IN %) ? 25        NENNWERT DER AKTIE ? 50

STARTWERT ? 25
-----------------------------------------------------------------------------
EINGABE DER DIVIDENDEN (ENDE MIT 0)

 1 . DIVIDENDE ? 8
 2 . DIVIDENDE ? 6
 3 . DIVIDENDE ? 0

Die Effektivverzinsung der Aktien liegt bei 21.45 %
-----------------------------------------------------------------------------
SOLL EINE WEITERE BERECHNUNG DURCHGEFÜHRT WERDEN (J/N)?
```

Programmlisting 4.2:

```
600 '###########################################################################
610 '####################### RENDITEN VON AKTIEN ###############################
620 '###########################################################################
630 '
640 '
650 '######################### EINGABE #########################################
660 '
670 CLS
680 LOCATE  1, 1:PRINT"BERECHNUNG
690 LOCATE  1,62:COLOR 0,7:PRINT"RENDITE BEI AKTIEN":COLOR 7,0
700 PRINT"----------------------------------------------------------------
---------"
710 PRINT"EINGABE:
720 LOCATE  5, 1:INPUT"KAUFKURS ";CO
730 LOCATE  5,38:INPUT"VERKAUFSKURS ";CN
740 LOCATE  7, 1:INPUT"SPESEN BEIM KAUF (IN %) ";SA
750 LOCATE  7,38:INPUT"SPESEN BEIM VERKAUF (IN %) ";SV
760 LOCATE  9, 1:INPUT"KAPITALERTRAGSSTEUER (IN %) ";KS
770 LOCATE  9,38:INPUT"NENNWERT DER AKTIE ";NW
780 LOCATE 11, 1:INPUT"STARTWERT ";X
790 PRINT"----------------------------------------------------------------
---------"
800 LOCATE 13, 1:PRINT"EINGABE DER DIVIDENDEN (ENDE MIT 0)"
810 PRINT
820 FOR I = 1 TO 100
830 PRINT;I". DIVIDENDE ";
840 INPUT D(I)
850 IF D(I) = 0 THEN 900
860 NEXT
870 '
```

```
880 '*********** BERECHNUNG DER EFFEKTIVVERZINSUNG DURCH ITERATION ***********
890 '
900 N = I - 1
910 C1 = C0 + ((SA/100) * C0)      :'Linke Seite der Formel
920 GOSUB 1030
930 IF ( CD-C1 ) > 0 THEN 970
940 IF ( CD-C1 ) < 0 THEN 990
950 GOSUB 1030
960 IF ( CD-C1 ) < .00001 THEN 1160
970 X = X + .005
980 GOTO 950
990 GOSUB 1030
1000 IF ( C1-CD ) < .00001 THEN 1160
1010 X = X - .05
1020 GOTO 990
1030 '------------------------- UNTERPROGRAMM -------------------------
1040 CC=0
1050 Q = 1+X/100                         : 'Zinssatz
1060 CA =  (CN-((SV/100)*CN))*(1/Q)^N      : 'Abzinsungsfaktor
1070 FOR J = 1 TO N
1080 C(J)=((D(J)/(NW/100))-((D(J)/(NW/100))*(KS/100)))*(1/Q)^J :'R.S.d. Formel
1090 CC    = CC + C(J)                    : 'Aufsummierung über die Anzahl d. Jahre
1100 NEXT J
1110 CD = CC + CA
1120 RETURN
1130 '
1140 '*********************** AUSGABE *************************************
1150 '
1160 X=INT(X*100+.5)/100
1170 PRINT:PRINT"Die Effektivverzinsung der Aktien liegt bei"X"%
```

5 Investitionsrechnung

Bei einer Investition von Betriebsanlagen besteht meist die Möglichkeit, verschiedene Anlagen zu kaufen. Mit Hilfe von speziellen Rechenverfahren, den Investitionsrechnungen, wird zu errechnen versucht, welche Investition vorteilhaft ist.

Bild 5-1 gibt einen Überblick über diese Investitionsrechnungen:

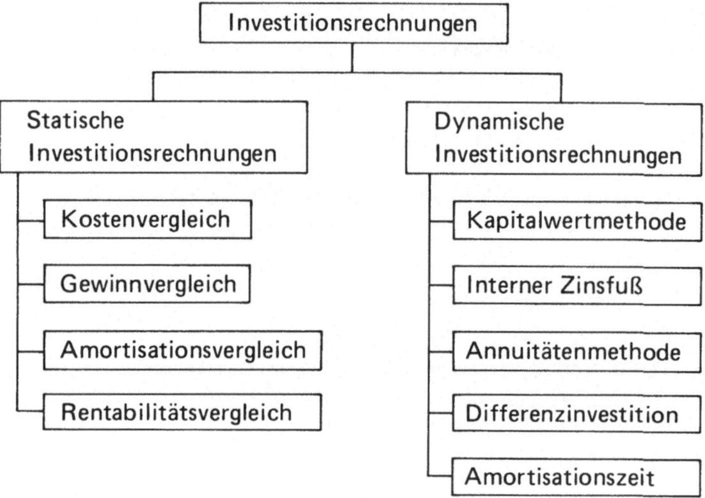

Bild 5-1 Übersicht über die Investitionsrechnungen

Die Investitionsrechnungen teilt man danach ein, ob der zeitliche Verlauf der Ein- und Auszahlungsströme des Investitionsobjektes während seiner Nutzungsdauer berücksichtigt ist (dynamische Investitionsrechnungen) oder nicht (statische Investitionsrechnungen).

Die statischen Verfahren liefern Vergleichsreihen, die Kosten, Gewinne, Amortisationszeiten oder Rentabilitäten betreffen. Die dynamischen Verfahren sind wesentlich genauer als die statischen und nur mit geringfügig höherem Aufwand durchzuführen. Aus diesem Grund wird von den statischen Verfahren lediglich die Kostenvergleichsrechnung behandelt und der Schwerpunkt liegt bei den dynamischen Verfahren. Dort werden die Methoden zur Bestimmung des Kapitalwertes, des internen Zinsfußes, der Annuität, der Differenzinvestition und ein Vergleich zwischen statischer und dynamischer Amortisationszeit vorgestellt. In den meisten Verfahren spielt die Abschreibung eine wichtige Rolle. Deshalb werden im ersten Abschnitt die Abschreibungsarten vorgestellt.

5.1 Statische Investitionsrechnung

5.1.1 Abschreibungsarten

Unter Abschreibung versteht man die in Geld ausgedrückte Wertminderung von Produktionsmitteln durch:

1. Technischen Verschleiß
   Dies ist die Wertminderung durch Abnutzung der Produktionsmittel während der Produktion.

2. Technische Überholung
   Der Nutzungswert eines Produktionsmittels kann durch den technischen Fortschritt, d. h. z. B. durch neuartige Maschinen stark verringert werden.

3. Wirtschaftliche Überholung
   Wertminderung durch Änderung des Bedarfs an Gütern, die von den Produktionsmitteln hergestellt werden.

Je nach gesetzlicher Vorschrift und nach dem angenommenen Verlauf der Wertminderung sind folgende Abschreibungsarten gebräuchlich (Bild 5-2).

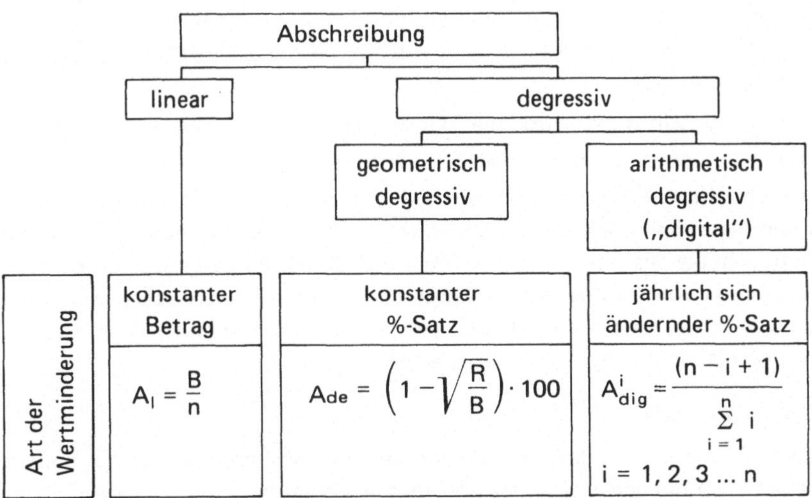

$$A_l = \frac{B}{n}$$

$$A_{de} = \left(1 - \sqrt[n]{\frac{R}{B}}\right) \cdot 100$$

$$A_{dig}^i = \frac{(n - i + 1)}{\sum\limits_{i=1}^{n} i}$$

$$i = 1, 2, 3 \dots n$$

Bild 5-2 Gebräuchliche Abschreibungsarten

5.1.1.1 Lineare Abschreibung

Bei der linearen Abschreibung wird davon ausgegangen, daß der Wert des Wirtschaftsgutes jährlich um einen gleichbleibenden Abschreibungsbetrag abnimmt. Dieser errechnet sich wie folgt (Bild 5-1):

$$A_l = \frac{\text{Abschreibungsbetrag}}{\text{Anzahl der Jahre}} = \frac{B}{n} \qquad (5\text{-}1)$$

Beispiel 5.1.1-1:

Eine Maschine kostet 250 000 DM und soll 5 Jahre im Betrieb eingesetzt werden. Nach dieser Zeit soll die Maschine noch für 25 000 DM verkauft werden.

Berechnen Sie den durchschnittlichen, jährlichen Abschreibungsbetrag und stellen Sie den Abschreibungsplan auf bei linearer, degressiver und digitaler Abschreibung.

5.1.1.2 Degressive Abschreibung

Bei der degressiven Abschreibung wird angenommen, die Wertminderung erfolge nicht in konstanten Beträgen, sondern in jährlich fallenden Beträgen. Die Wertminderung heißt degressiv, weil der Abschreibungsbetrag zunächst groß ist und mit zunehmender Nutzungsdauer des Betriebsmittels abnimmt. Für die Berechnung des Degressionsfaktors A_{de} in Prozent gilt folgende Formel:

$$A_{de} = \left(1 - \sqrt[n]{\frac{\text{Restwert}}{\text{Anschaffungswert}}} \right) \cdot 100$$

$$A_{de} = \left(1 - \sqrt[n]{\frac{R}{B}} \right) \cdot 100$$

(5-2)

Dabei ist n die Anzahl der Jahre Nutzungsdauer des Produktionsmittels.

In unserem Beispiel aus Abschnitt 5.1.1.1 ist $n = 5$, der Restwert 25 000 DM und der Anschaffungswert 250 000 DM.

Daraus läßt sich der Degressionsfaktor und die Zeitwertreihe der Maschine ermitteln.

Im Anschluß daran kann der Abschreibungsplan aufgestellt werden.

Die degressive Abschreibung liefert in den ersten Jahren im Vergleich zur linearen einen höheren Abschreibungsbetrag. Ab einem bestimmten Zeitpunkt ist dann der lineare Abschreibungsbetrag höher als der degressive (maximal 30 %). Es kann deshalb sinnvoll sein, ab diesem Zeitpunkt von der degressiven Abschreibung auf die linare überzuwechseln. Im folgenden Beispiel ist dies nach dem dritten Jahr der Fall. Ein in dieser Weise modifizierter Abschreibungsplan kann ebenfalls erstellt werden.

5.1.1.3 Digitale Abschreibung

Die digitale Abschreibung ist eine Variante der degressiven Abschreibung. Dabei ändern sich jährlich die Abschreibungen um einen konstanten Prozentsatz p_{dig}. Dieser ist der Kehrwert der Summe aller Nutzungsjahre oder

$$p_{dig} = \frac{1}{\sum\limits_{i=1}^{n} i}$$

(5-3)

oder

$$p_{dig} = \frac{2}{n(n+1)}$$

(5-4)

Die veränderlichen Abschreibungsraten berechnen sich nach folgender Formel:

$$A_{dig}^{i} = \frac{2n_{rest}}{n\,(n+1)} = \frac{(n-i+1)}{\sum\limits_{i=1}^{n} i} \qquad (i = 1, 2, 3, \dots) \tag{5-5}$$

Dabei ist:

i   Nutzungsjahr

n   Gesamtlebensdauer des Betriebsmittels

n_{rest} Restlebensdauer des Betriebsmittels

Da bei der digitalen Abschreibungsmethode formal auf den Restwert Null abgeschrieben wird, muß gegebenenfalls noch ein vorhandener Restwert hinzugezählt werden, um den jeweiligen Buchwert des Betriebsmittels angeben zu können.

Auf unser Beispiel übertragen bedeutet dies:

Bei fünf Jahren Gesamtlebensdauer ändert sich die Abschreibungsrate jährlich um 1/15 = 1/(1 + 2 + 3 + 4 + 5), das sind 6,67 % oder 225 000/15 = 15 000 DM.

Für das erste Jahr beträgt die Abschreibungsrate dann 5/15 = 0,33 (75 000 DM), für das 2. Jahr 4/15 = 0,27 (60 000 DM), für das 3. Jahr 3/15 = 0,20 (45 000 DM), usw.

In Bild 5-3 sind die Ergebnisse unseres Beispiels zusammengefaßt und die Abschreibungsmethoden vergleichend gegenübergestellt.

Nutzungs-dauer n Jahre	lineare Abschreibung		degressive Abschreibung		digitale Abschreibung	
	Abschreibung DM/Jahr	Restwert DM	Abschreibung DM/Jahr	Restwert DM	Abschreibung DM/Jahr	Restwert DM
1	45 000	205 000	92 260	157 740	75 000	175 000
2	45 000	160 000	58 213	99 527	60 000	115 000
3	45 000	115 000	36 730	62 797	45 000	70 000
4	45 000	70 000	23 175	39 622	30 000	40 000
5	45 000	25 000	14 622	25 000	15 000	25 000

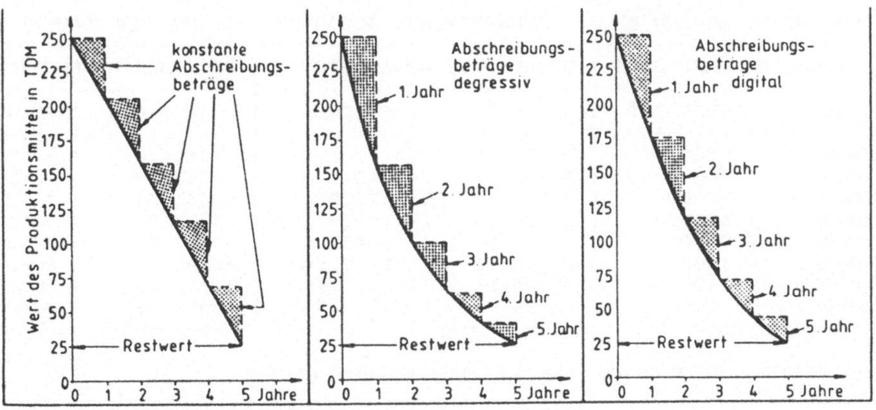

Bild 5-3 Vergleichende Darstellung der Abschreibungsmethoden

```
ANSCHAFFUNGSWERT: 250000 DM        SCHROTTWERT: 25000 DM        NUTZUNGSDAUER: 5 J
```

JAHR	LINEARE ABSCHREIBUNG		DEGRESSIVE ABSCHREIBUNG		DIGITALE ABSCHREIBUNG	
nach	AfA	RESTWERT	AfA	RESTWERT	AfA	RESTWERT
1	45000	205000	92260.68	157739.4	75000	175000
2	45000	160000	58212.55	99526.8	60000	115000
3	45000	115000	36729.64	62797.16	45000	70000
4	45000	70000	23174.83	39622.33	30000	40000
5	45000	25000	14622.33	25000	15000	25000

```
SOLL EINE WEITERE BERECHNUNG DURCHGEFÜHRT WERDEN (J/N)?
```

```
AW : 250000 DM                                     NUTZUNGSDAUER: 5 J = 20 %
```

JAHR	degressive AfA	Buchrestwert	lineare AfA aus BRW	tatsächliche AfA
1	75000	175000	50000	75000
2	52500	122500	43750	52500
3	36750	81666.68	40833.33	40833.33
4	25725	40833.35	40833.33	40833.33
5	18007.5	.02	40833.33	40833.33

```
SOLL EINE WEITERE BERECHNUNG DURCHGEFÜHRT WERDEN (J/N)?
```

Beispiel 5.1.1-2:

Eine Maschine kostet 600 000 DM und soll 8 Jahre lang produzieren. Danach soll sie einen Schrottwert von 40 000 DM besitzen.

Man berechne die Abschreibungsbeträge und die Zeitwerte der Maschine bei linearer, degressiver und digitaler Abschreibung.

```
ANSCHAFFUNGSWERT: 600000 DM        SCHROTTWERT: 40000 DM        NUTZUNGSDAUER: 8 J
```

JAHR	LINEARE ABSCHREIBUNG		DEGRESSIVE ABSCHREIBUNG		DIGITALE ABSCHREIBUNG	
nach	AfA	RESTWERT	AfA	RESTWERT	AfA	RESTWERT
1	70000	530000	172299.5	427700.6	124444.4	475555.6
2	70000	460000	122821	304879.6	108888.9	366666.7
3	70000	390000	87551	217328.6	93333.34	273333.4
4	70000	320000	62409.34	154919.3	77777.78	195555.6
5	70000	250000	44487.51	110431.8	62222.22	133333.4
6	70000	180000	31712.22	78719.54	46666.67	86666.68
7	70000	110000	22605.56	56113.99	31111.11	55555.57
8	70000	40000	16114.02	39999.97	15555.56	40000.01

```
SOLL EINE WEITERE BERECHNUNG DURCHGEFÜHRT WERDEN (J/N)?
```

Programmlisting 5.1.1

```
10 '######################################################################
20 '######################################################################
30 '############### I N V E S T I T I O N S R E C H N U N G ###############
40 '######################################################################
50 '######################################################################
60 '
70 DIM R1(100),A2(100),R2(100),A3(100),R3(100),AD(100),RD(100),AL(100),AT(100),R
L(100),RT(100),E(100),A(100),S(100)
80 '
90 CLS
100 '
110 '######################################################################
120 '################## STATISCHE INVESTITIONSRECHNUNG ####################
130 '######################################################################
140 '
150 '######################################################################
160 '*           LINEARE, DEGRESSIVE, DIGITALE ABSCHREIBUNG              *
170 '######################################################################
180 '
190 '######################## EINGABE #####################################
200 '
210 CLS
220 PRINT"Vergleichsrechnung
230 LOCATE  1,36:COLOR 0,7:PRINT"Lineare, degressive und digitale Abschreibung":
COLOR 7,0
240 LOCATE 2, 1:PRINT"--------------------------------------------------------
----------------------"
250 LOCATE  3, 1:PRINT"EINGABE:
260 LOCATE  5, 1:INPUT"ANSCHAFFUNGSWERT ";AW
270 LOCATE  7, 1:INPUT"RESTWERT (EINNAHMEN AUS VERKAUF) ";R
280 LOCATE  9, 1:INPUT"NUTZUNGSDAUER (ANGABE DER PERIODEN) "; N
290 '
300 '####################### AUSGABEKOPF ##################################
310 '
320 CLS : Z=0
330 PRINT"ANSCHAFFUNGSWERT:";AW"DM";TAB(33)"SCHROTTWERT:";R"DM";TAB(60)"NUTZUNGS
DAUER:";N"J"
340 PRINT"------------------------------------------------------------------
---------"
350 PRINT"JAHR I LINEARE ABSCHREIBUNG I DEGRESSIVE ABSCHREIBUNG I DIGITALE ABSCH
REIBUNG"
360 PRINT"      I-----------------------I-----------------------I--------------
---------"
370 PRINT"nach I  AfA    I RESTWERT I     AfA     I RESTWERT I     AfA    I
RESTWERT"
380 PRINT"-----I----------I-----------I------------I-----------I-----------I-
---------"
390 FOR I = 1 TO N
400 Z=Z+1:IF Z = 16 THEN 410 ELSE GOTO 490
```

```
410 Z=1:LOCATE 23,15:INPUT"ENTER = WEITER";ENT:CLS
420 PRINT"ANSCHAFFUNGSWERT:";AW"DM";TAB(33)"SCHROTTWERT:";R"DM";TAB(60)"NUTZUNGS
DAUER:";N"J"
430 PRINT"----------------------------------------------------------------------
---------"
440 PRINT"JAHR I LINEARE ABSCHREIBUNG I DEGRESSIVE ABSCHREIBUNG I DIGITALE ABSCH
REIBUNG"
450 PRINT"     I---------------------I----------------------I-----------------
---------"
460 PRINT"nach I   AfA    I RESTWERT I    AfA    I RESTWERT I    AfA    I
RESTWERT"
470 PRINT"-----I----------I----------I-----------I-----------I------------I-
---------"
480 '
490 '*************************** BERECHNUNG *********************************
500 '
510 IF R=0 THEN R = 1
520 B  = AW-R                    :'B  = Abschreibungsbetrag
530 DF = (1-(R/AW)^(1/N))        :'df = Degressionsfaktor
540 SN=0
550 FOR X = 1 TO N
560 SN = SN + X                  :'sn = Aufsummierung der Jahre
570 NEXT X
580 AQ=(N-I+1)/SN                :'aq = Abschreibungsquote (digital)
590 R1(0) = AW
600 R2(0) = AW
610 R3(0) = B
620 A1     = B/N                 :'A1 = linearer Abschreibungsbetrag
630 R1(I) = R1(I-1)-A1           :'R1 = Restwert (linear)
640 A2(I) = R2(I-1)*DF           :'A2 = degressiver Abschreibungsbetrag
650 R2(I) = R2(I-1)-A2(I)        :'R2 = Restwert (degressiv)
660 A3(I) = B*AQ                 :'A3 = digitaler Abschreibungsbetrag
670 R3(I) = R3(I-1)-A3(I)        :'R3 = neue Abschreibungsbasis
680 A1=INT(A1*100+.5)/100 : R1(I)=INT(R1(I)*100+.5)/100 : A2(I)=INT(A2(I)*100+.5
)/100 : R2(I)=INT(R2(I)*100+.5)/100 : A3(I)=INT(A3(I)*100+.5)/100 : R3(I)=INT(R3
(I)*100+.5)/100
690 '
700 '********************** AUSGABEPROTOKOLL **************************
710 '
720 PRINT;I;TAB(6)"I";A1;TAB(17)"I";R1(I);TAB(29)"I";A2(I);TAB(42)"I";R2(I);TAB(
55)"I";A3(I);TAB(69)"I";R3(I)+R
730 NEXT I
740 PRINT"----------------------------------------------------------------------
---------"
750 '
760 '***************************************************************************
770 '*              MODIFIZIERTE ABSCHREIBUNG (DEGRESSIV/LINEAR)              *
780 '***************************************************************************
790 '
800 '
```

```
810 '*********************************** EINGABE ****************************************
820 '
830 CLS
840 PRINT"Abschreibungsplan
850 LOCATE 1,45:COLOR 0,7:PRINT"Degressive und lineare Abschreibung":COLOR 7,0
860 LOCATE 2,1:PRINT"---------------------------------------------------------------
-------------------"
870 LOCATE 3,1:PRINT"EINGABE:
880 LOCATE 5,1:INPUT"ANSCHAFFUNGSWERT ";AW
890 LOCATE 7,1:INPUT"NUTZUNGSDAUER (ANGABE DER PERIODEN) ";N
900 '
910 '************************* AUSGABEKOPF ***********************************
920 '
930 CLS:Z=0 : S=0 : P1=100/N :P1=INT(P1*100+.5)/100
940 PRINT"AW :";AW"DM";TAB(50)"NUTZUNGSDAUER:";N"J ="P1"%"
950 PRINT"---------------------------------------------------------------
----------"
960 PRINT"JAHR I degressive AfA I Buchrestwert I lineare AfA aus BRW I tatsächli
che AfA
970 PRINT"-----!----------------I--------------I---------------------I-----------
----------"
980 WW=0 : P1=100/N
990 FOR I = 1 TO N
1000 Z=Z+1:IF Z=16 THEN 1010 ELSE GOTO 1070
1010 Z=1:LOCATE 23,15:INPUT"ENTER = WEITER";ENT:CLS
1020 PRINT"AW :";AW"DM";TAB(20)"SCHROTTWERT:";R"DM";TAB(50)"NUTZUNGSDAUER:";N"J
="P1"%"
1030 PRINT"---------------------------------------------------------------
----------"
1040 PRINT"JAHR I degressive AfA I Buchrestwert I lineare AfA aus BRW I tatsächl
iche AfA
1050 PRINT"-----I----------------I--------------I---------------------I---------
----------"
1060 '
1070 '*********************** BERECHNUNG ****************************************
1080 '
1090 P=100/N/100  : Q=3*P
1100 IF Q > .3 THEN Q=.3 ELSE GOTO 1110
1110 RD(0)=AW
1120 AD(I)=Q*AW*(1-Q)^(I-1)              :'AD = degressiver Abschreibungbetrag
1130 RD(I)=RD(I-1)-AD(I)                 :'RD = degressiver Restwert
1140 AL(I)=(AW*(1-Q)^(I-1))/(N-(I-1))    :'AL = linearer Abschreibungsbetrag
1150 IF AD(I) > AL(I) GOTO 1160 ELSE GOTO 1180
1160 AT(I)=AD(I) : RT(I)=RD(I)
1170 GOTO 1240
1180 WW=WW+1:IF WW=>2 THEN 1200
1190 RL(I)=RD(I-1)-AL(I) : AL(I)=RD(I-1)/(N-(I-1)):GOTO 1210
1200 RL(I)=RL(I-1)-AL(I-1) :AL(I)=AL(I-1)
1210 S=S+1:IF S=1 GOTO 1220 ELSE GOTO 1230
1220 PRINT"-----I----------------I--------------I---------------------I---------
----------"
```

```
1230 AT(I)=AL(I):RT(I)=RL(I)
1240 AD(I)=INT(AD(I)*100+.5)/100 : RT(I)=INT(RT(I)*100+.5)/100 : AL(I)=INT(AL(I)
*100+.5)/100 : AT(I)=INT(AT(I)*100+.5)/100
1250 '
1260 '*********************** AUSGABEPROTOKOLL ****************************
1270 '
1280 PRINT;I;TAB(6)"I";AD(I);TAB(23)"I";RT(I);TAB(38)"I";AL(I);TAB(60)"I";AT(I)
1290 NEXT I
1300 PRINT"------------------------------------------------------------
-----------"
1310 '
```

5.1.2 Kostenvergleichsrechnung

In der Kostenvergleichsrechnung werden alle Kosten von zwei oder mehr Investitions-
möglichkeiten gegenübergestellt. Die kostengünstigste Alternative wird ausgewählt. Der
Kostenvergleich kann sich auf die Kosten je Zeitabschnitt oder auf die Kosten je
Leistungseinheit beziehen. Bei gleicher mengenmäßiger Auslastung der Anlagen sind beide
Verfahren gleichwertig. Ist die Auslastung allerdings unterschiedlich groß, dann ist die
mengenbezogene Kostenvergleichsrechnung vorzuziehen. Dazu werden neben den Informationen zum Investitionsobjekt die projektbezogenen fixen und variablen Kosten
ermittelt. Folgendes Schema ist denkbar:

a) *Informationen zum Investitionsobjekt*

   — Investitionssumme
   — Investitionsdauer
   — Auslastung in Leistungseinheiten/Jahr

b) *Fixe Kosten*

   — Abschreibungen
   — Zinsen (auf die Hälfte der Investitionssumme)
   — sonstige Fixkosten

c) *Variable Kosten*

   — Materialkosten
   — Energiekosten
   — Löhne und Lohnnebenkosten
   — sonstige variable Kosten

Weil die Abschreibungsart eine wichtige Rolle spielt, kann sie im Programm gewählt
werden.

Beispiel 5.1.2-1:

Für zwei Anlagen soll eine zeit- und mengenbezogene Kostenvergleichsrechnung durchgeführt werden. Die Investitionssumme der Anlage ① beträgt 300 000 DM, die der
Anlage ② 150 000 DM. Die Investitionsdauer ist 6 Jahre. Die Auslastung wird für die
periodenbezogenen Kosten und für die mengenbezogenen Kosten 140 000 Stück für
Anlage ① und 90 000 Stück für Anlage ②. Die Abschreibung ist linear und die Zinsen
betragen 10 % vom Anschaffungswert. Die anderen Kosten werden in das Rechenformular
eingegeben und die Kostenvergleichsrechnung durchgeführt.

```
EINGABE                                          Kostenvergleichsrechnung
------------------------------------------------------------------------
ANLAGE 1:
---------

a. Informationen zum Investitionsobjekt:

   Investitionssumme.................................. ? 300000
   Investitionsdauer (in Jahren)..................... ? 6
   Auslastung (Leistungseinheiten / Jahr)......... ? 140000

b. Fixe Kosten:

   Abschreibung (DM / Jahr)........................ ? 50000
   Zinsen (DM / Jahr)............................. ? 30000
   Sonstige Fixkosten............................. ? 40000

c. Variable Kosten:

   Materialkosten................................. ? 25000
   Energiekosten.................................. ? 5000
   Löhne und Lohnnebenkosten...................... ? 16000
   Sonstige variable Kosten....................... ? 5800


EINGABE                                          Kostenvergleichsrechnung
------------------------------------------------------------------------
ANLAGE 2:
---------

a. Informationen zum Investitionsobjekt:

   Investitionssumme.................................. ? 150000
   Investitionsdauer (in Jahren)..................... ? 6
   Auslastung (Leistungseinheiten / Jahr)......... ? 90000

b. Fixe Kosten:

   Abschreibung (DM / Jahr)........................ ? 25000
   Zinsen (DM / Jahr)............................. ? 15000
   Sonstige Fixkosten............................. ? 40000

c. Variable Kosten:

   Materialkosten................................. ? 20000
   Energiekosten.................................. ? 8000
   Löhne und Lohnnebenkosten...................... ? 32000
   Sonstige variable Kosten....................... ? 5700
```

	I Kostenvergleich je Periode	I	Kostenvergleich je LE	
	I Anlage 1	I Analage 2	I Anlage 1	I Anlage 2
1. Investitionssumme (DM)	I 300000	I 150000	I 300000	I 150000
2. Lebensdauer (Jahre)	I 6	I 6	I 6	I 6
3. Auslastung (LE/Jahr)	I 300000	I 150000	I 300000	I 150000
4. Abschreibung (DM/Jahr)	I 50000	I 25000	I 50000	I 25000
5. Zinsen (DM/Jahr)	I 30000	I 15000	I 30000	I 15000
6. Sonstige FK (DM)	I 40000	I 40000	I 40000	I 40000
7. Summe FK (DM)	I 120000	I 80000	I 120000	I 80000
8. FK / LE (DM/LE)	I -	I -	I .86	I .89
9. Materialkosten (DM)	I 25000	I 20000	I 25000	I 20000
10. Energiekosten (DM)	I 5000	I 8000	I 5000	I 8000
11. Löhne und LNK (DM)	I 16000	I 32000	I 16000	I 32000
12. Sonstige VK (DM)	I 5800	I 5800	I 5800	I 5700
13. Summe VK (DM)	I 51800	I 65700	I 51800	I 65700
14. VK / LE (DM/LE)	I -	I -	I .37	I .73
15. Gesamtkosten (DM)	I 171800	I 145700	I 1.23	I 1.62

```
SOLL EINE WEITERE BERECHNUNG DURCHGEFÜHRT WERDEN (J/N)?
```

Es ist ersichtlich, daß die Kostenvergleiche sehr stark von der Auslastung abhängen.
Bild 5-4 zeigt, daß bei 90 000 Stück die Anlage ② kostengünstiger ist. Bei 110 000 Stück
liegt die kritische Auslastung, oberhalb derer die Anlage ① vorteilhafter ist. Werden auf
Anlage ① 140 000 Stück und auf Anlage ② 90 000 Stück gefertigt, dann ist in jedem
Fall die Maschine ① vorteilhafter. Häufig ist es sehr wichtig, die kritische Auslastung zu
kennen. Weil es meist relativ einfach ist abzuschätzen, ob das Produktionsvolumen oberhalb oder unterhalb dieser kritischen Marke liegt, kann eine sichere Investitionsentscheidung gefällt werden.

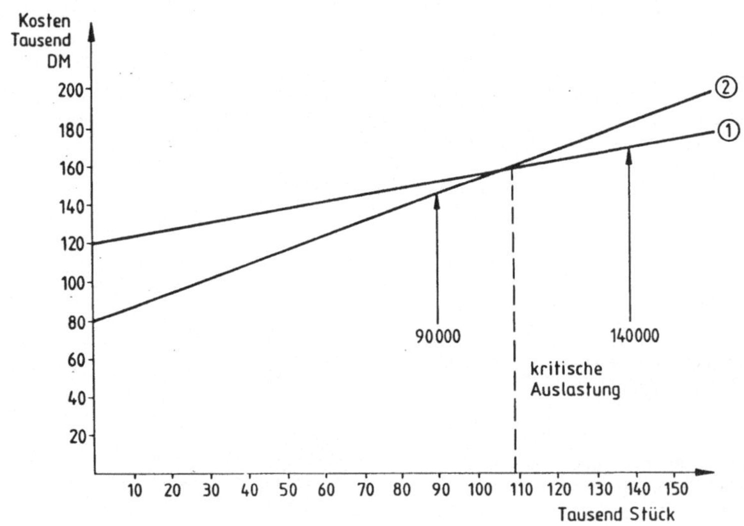

Bild 5-4 Kosten als Funktion der Auslastung für zwei Anlagen

Programmlisting 5.1.2

```
1320 '***********************************************************************
1330 '*              KOSTENVERGLEICHSRECHNUNG                             *
1340 '***********************************************************************
1350 '
1360 '********************** EINGABE ************************************
1370 '
1380 CLS
1390 PRINT"EINGABE
1400 LOCATE  1,56:COLOR 0,7:PRINT"Kostenvergleichsrechnung":COLOR 7,0
1410 PRINT"-----------------------------------------------------------
----------"
1420 PRINT"ANLAGE 1:
1430 PRINT"---------
1440 PRINT:PRINT"a. Informationen zum Investitionsobjekt:"
1450 PRINT:INPUT"   Investitionssumme............................... ";S1
1460 INPUT"   Investitionsdauer (in Jahren)................. ";N1
1470 INPUT"   Auslastung (Leistungseinheiten / Jahr)......... ";X1
```

```
1480 PRINT:PRINT"b. Fixe Kosten:"
1490 PRINT:INPUT"   Abschreibung (DM / Jahr)...................... " ;A1
1500 INPUT"   Zinsen (DM / Jahr).......................... ";Z1
1510 INPUT"   Sonstige Fixkosten......................... ";F1
1520 PRINT:PRINT"c. Variable Kosten:"
1530 PRINT:INPUT"   Materialkosten.......................... ";M1
1540 INPUT"   Energiekosten........................... ";E1
1550 INPUT"   Löhne und Lohnnebenkosten................ ";L1
1560 INPUT"   Sonstige variable Kosten................. ";V1
1570 CLS
1580 PRINT"EINGABE
1590 LOCATE  1,56:COLOR 0,7:PRINT"Kostenvergleichsrechnung":COLOR 7,0
1600 PRINT"-------------------------------------------------------------
----------"
1610 PRINT"ANLAGE 2:
1620 PRINT"---------
1630 PRINT:PRINT"a. Informationen zum Investitionsobjekt:"
1640 PRINT:INPUT"   Investitionssumme........................... ";S2
1650 INPUT"   Investitionsdauer (in Jahren)................. ";N2
1660 INPUT"   Auslastung (Leistungseinheiten / Jahr)........ ";X2
1670 PRINT:PRINT"b. Fixe Kosten:"
1680 PRINT:INPUT"   Abschreibung (DM / Jahr)..................... " ;A2
1690 INPUT"   Zinsen (DM / Jahr).......................... ";Z2
1700 INPUT"   Sonstige Fixkosten......................... ";F2
1710 PRINT:PRINT"c. Variable Kosten:"
1720 PRINT:INPUT"   Materialkosten.......................... ";M2
1730 INPUT"   Energiekosten........................... ";E2
1740 INPUT"   Löhne und Lohnnebenkosten................ ";L2
1750 INPUT"   Sonstige variable Kosten................. ";V2
1760 '
1770 '########################## BERECHNUNG ##########################
1780 '
1790 U1=A1+Z1+F1    : U1=INT(U1)              :'Summe der fixen Kosten 1
1800 U2=A2+Z2+F2    : U2=INT(U2)              :'Summe der fixen Kosten 1
1810 Y1=M1+E1+L1+V1 : Y1=INT(Y1)              :'Summe der varialben Kosten 1
1820 Y2=M2+E2+L2+V2 : Y2=INT(Y2)             :'Summe der variablen Kosten 2
1830 K1=U1/X1       : K1=INT(K1*100+.5)/100   :'FK 1 pro LE
1840 K2=U2/X2       : K2=INT(K2*100+.5)/100   :'FK 2 pro LE
1850 C1=Y1/X1       : C1=INT(C1*100+.5)/100   :'VK 1 pro LE
1860 C2=Y2/X2       : C2=INT(C2*100+.5)/100   :'VK 2 pro LE
1870 G1=U1+Y1 : G2=U2+Y2 : G3=K1+C1 : G4=K2+C2    :'Gesamtkosten
1880 '
1890 '######################### AUSGABE ##########################
1900 '
1910 CLS
1920 PRINT"                          I Kostenvergleich je Periode I Kostenvergl
eich je LE
1930 PRINT"                          I Anlage 1  I   Analage 2 I Anlage  1 I
 Anlage 2
1940 PRINT"-------------------------------I--------------I--------------I-----------I
----------"
```

```
1950 PRINT" 1. Investitionssumme (DM) I";TAB(29);S1;TAB(42)"I";TAB(43);S2;TAB(57
)"I";TAB(58);S1;TAB(69)"I";TAB(70);S2
1960 PRINT" 2. Lebensdauer (Jahre)    I";TAB(29);N1;TAB(42)"I";TAB(43);N2;TAB(57
)"I";TAB(58);N1;TAB(69)"I";TAB(70);N2
1970 PRINT" 3. Auslastung (LE/Jahr)   I";TAB(29);S1;TAB(42)"I";TAB(43);S2;TAB(57
)"I";TAB(58);S1;TAB(69)"I";TAB(70);S2
1980 PRINT"--------------------------I-------------I--------------I-----------I
----------"
1990 PRINT" 4. Abschreibung (DM/Jahr) I";TAB(29);A1;TAB(42)"I";TAB(43);A2;TAB(57
)"I";TAB(58);A1;TAB(69)"I";TAB(70);A2
2000 PRINT" 5. Zinsen (DM/Jahr)       I";TAB(29);Z1;TAB(42)"I";TAB(43);Z2;TAB(57
)"I";TAB(58);Z1;TAB(69)"I";TAB(70);Z2
2010 PRINT" 6. Sonstige FK (DM)       I";TAB(29);F1;TAB(42)"I";TAB(43);F2;TAB(57
)"I";TAB(58);F1;TAB(69)"I";TAB(70);F2
2020 PRINT"--------------------------I-------------I--------------I-----------I
----------"
2030 PRINT" 7. Summe FK (DM)          I";TAB(29);U1;TAB(42)"I";TAB(43);U2;TAB(57
)"I";TAB(58);U1;TAB(69)"I";TAB(70);U2
2040 PRINT" 8. FK / LE (DM/LE)        I";TAB(30)"-";TAB(42)"I";TAB(44)"-";TAB(57
)"I";TAB(58);K1;TAB(69)"I";TAB(70);K2
2050 PRINT" 9. Materialkosten (DM)    I";TAB(29);M1;TAB(42)"I";TAB(43);M2;TAB(57
)"I";TAB(58);M1;TAB(69)"I";TAB(70);M2
2060 PRINT"10. Energiekosten (DM)     I";TAB(29);E1;TAB(42)"I";TAB(43);E2;TAB(57
)"I";TAB(58);E1;TAB(69)"I";TAB(70);E2
2070 PRINT"11. Löhne und LNK (DM)     I";TAB(29);L1;TAB(42)"I";TAB(43);L2;TAB(57
)"I";TAB(58);L1;TAB(69)"I";TAB(70);L2
2080 PRINT"12. Sonstige VK (DM)       I";TAB(29);V1;TAB(42)"I";TAB(43);V1;TAB(57
)"I";TAB(58);V1;TAB(69)"I";TAB(70);V2
2090 PRINT"--------------------------I-------------I--------------I-----------I
----------"
2100 PRINT"13. Summe VK (DM)          I";TAB(29);Y1;TAB(42)"I";TAB(43);Y2;TAB(57
)"I";TAB(58);Y1;TAB(69)"I";TAB(70);Y2
2110 PRINT"14. VK / LE (DM/LE)        I";TAB(30)"-";TAB(42)"I";TAB(44)"-";TAB(57
)"I";TAB(58);C1;TAB(69)"I";TAB(70);C2
2120 PRINT"--------------------------I-------------I--------------I-----------I
----------"
2130 PRINT"15. Gesamtkosten (DM)      I";TAB(29);G1;TAB(42)"I";TAB(43);G2;TAB(57
)"I";TAB(58);G3;TAB(69)"I";TAB(70);G4
2140 '
```

5.2 Dynamische Investitionsrechnung

5.2.1 Barwert- oder Kapitalwertmethode

Durch eine Investition werden Einnahmen und Ausgaben hervorgerufen (Zahlungsströme), die zu unterschiedlichen Zeitpunkten anfallen. Um diese Zahlungsströme vergleichen zu können, wird über die Zinseszinsrechnung deren Gegenwartswert oder Barwert errechnet. Einen solchen Barwert einer Investition nennt man Nettoinvestitionswert oder Kapitalwert.

Der Kapitalwert einer Investition ist somit die Summe aller Barwerte der Einnahmen E_t abzüglich der Summe aller Barwerte der Ausgaben. A_t zu bestimmten Zeitpunkten t. Man erhält:

$$K_0 = \sum_{t=0}^{n} (E_t - A_t) \cdot q^{-t} \qquad (5\text{-}6)$$

Dabei ist:

K_0 Kapitalwert

n   Anzahl der Jahre Nutzung

E_t Einnahmen am Ende der Periode t

A_t Ausgaben am Ende der Periode t

$q = (1 + i)$ Aufzinsungsfaktor mit Kalkulationszinsfuß $p \left(i = \dfrac{p}{100} \right)$

Diese Formel berücksichtigt die Tatsache, daß Einnahmen umso wertvoller sind, je früher sie eintreffen und Ausgaben umso weniger wirksam sind, je später sie anfallen.

In die Ausgaben gehen die gesamten Betriebsausgaben für die Investition ein, also außer den Kaufzahlungen und Einbaukosten für das Investitionsobjekt z. B. auch Materialkosten und Löhne für Instandhaltung und Reparaturen.

In den Einnahmen wird auch der voraussichtliche Verkaufserlös berücksichtigt.

Der Kapitalwert nimmt mit steigenden Zinssätzen ab und mit sinkenden Zinssätzen zu.

In der Tabelle 5.1 sind die Folgerungen aus der Kapitalwertmethode für die Investitionsentscheidung aufgeführt.

Tabelle 5.1 Investitionsbeurteilung nach der Kapitalwertmethode

Kapitalwert	Aussage
positiv $K_0 > 0$ Investition vorteilhaft	Investitionsvorhaben erwirtschaftet nicht nur die Gesamtinvestition samt Kapitalverzinsung, sondern auch einen Investitionsgewinn
$K_0 = 0$	Investitionsvorhaben erwirtschaftet Gesamtinvestition einschließlich Kapitalverzinsung
negativ $K_0 > 0$ Investition unvorteilhaft	Investitionsvorhaben erwirtschaftet nicht die Gesamtinvestition samt Kapitalverzinsung. Es entsteht ein Investitionsverlust

An folgendem Investitionsvorhaben wird das Vorgehen bei der Kapitalwertmethode erläutert.

Für ein Investitionsobjekt entstehen innerhalb von 6 Jahren Nutzungsdauer folgende Zahlungsströme, die zu 12 % verzinst werden sollen.

Zahlungsströme in tausend DM	Nutzungsdauer (Jahre) t						
	0	1	2	3	4	5	6
Anschaffung	350						
Einnahmen E_t	–	180	220	250	160	140	100
Ausgaben A_t	106	76	90	110	80	40	60
Verkaufserlös							35
Rückfluß $(E_t - A_t)$	– 456	104	130	140	80	100	75

Die Berechnung des Kapitalwertes erfolgt nach obiger Formel und ergibt:

$$K_0 = -456\,000 + \frac{104\,000}{1,12} + \frac{130\,000}{1,12^2} + \frac{140\,000}{1,12^3} +$$

$$-456\,000 + 92\,857.14 + 103\,635.20 + 99\,649.23 +$$

$$+ \frac{80\,000}{1,12^4} + \frac{100\,000}{1,12^5} + \frac{75\,000}{1,12^6}$$

$$+ 50\,841.45 + 56\,742.69 + 37\,997.33$$

$$K_0 = -14\,276.95$$

Der Kapitalwert ist negativ, d. h., die Investition ist nicht vorteilhaft. Dabei muß man allerdings bedenken, daß der Kapitalwert nur noch 4 % der Anschaffungsausgaben beträgt, so daß die ganze Investition einschließlich Kapitalverzinsung annähernd erwirtschaftet wurde.

5.2.2 Methode des internen Zinsfußes

Der interne Zinsfuß ist der Zinssatz, zu dem die Kapitalströme des Investitionsobjektes verzinst wurden. Er entspricht damit der Effektivrendite der Investition vor Abzug der Zinszahlungen. Der Kapitalwert beim internen Zinsfuß ist definitionsgemäß Null.

Will man den internen Zinsfuß bestimmen, so setzt man daher die Formel für den Kapitalwert $K_0 = 0$ und errechnet daraus den internen Zinsfuß. Da dies für Investitionen mit mehrjähriger Nutzungsdauer eine Gleichung höheren Grades ist, sind deren Lösungen durch spezielle, umfangreiche Rechenverfahren zu ermitteln. Hier wird ein einfaches Interpolationsverfahren vorgestellt.

Wie Bild 5-5 an unserem Beispiel zeigt, zeichnet man von einem negativen zu einem positiven Kapitalwert (oder umgekehrt) eine Gerade. Diese schneidet für einen Kapitalwert von $K_0 = 0$ die Achse für den Zinssatz in p_0, dem internen Zinsfuß.

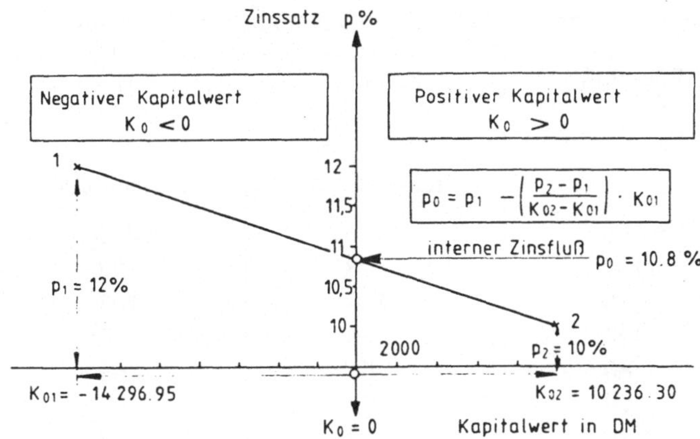

Bild 5-5 Näherungsverfahren zur Ermittlung des internen Zinsfußes durch lineare Interpolation

Die Formel zur Ermittlung des internen Zinsfußes nach dieser linearen Interpolationsmethode lautet:

$$p_0 = p_1 - \left(\frac{p_2 - p_1}{K_{02} - K_{01}}\right) \cdot K_{01} \tag{5-7}$$

Dabei ist:

p_1, p_2 erster bzw. zweiter Zinssatz

K_{01}, K_{02} die zu den Zinssätzen gehörenden Kapitalwerte

p_0 interner Zinsfuß

Zunächst bildet man für den Zinssatz p_1 den Kapitalwert K_{01}. Ist dieser negativ (positiv), so wählt man so lange einen kleineren (größeren) Zinssatz p_2, bis der neue Kapitalwert K_{02} positiv (negativ) ist. Durch Einsetzen der entsprechenden Werte in obige Formel erhält man den Wert für den internen Zinsfuß.

Eine Investition ist dann vorteilhaft, wenn der interne Zinsfuß größer oder gleich dem Kalkulationszinsfuß ist. Wie hoch dieser Kalkulationszinsfuß anzusetzen ist, muß von der Unternehmensleitung entschieden werden.

Für das oben genannte Investitionsvorhaben soll der interne Zinsfuß berechnet werden. Der Kalkulationszinssatz betrug $p_1 = 12\,\%$ und ergab einen Kapitalwert K_{01} von $-14\,296.95$ DM.

Man wählt einen niedrigeren Zinssatz von $p_2 = 10\,\%$. Im folgenden Rechenprogramm wird der Kapitalwert errechnet. Er beträgt $K_{02} = 10\,236.30$ DM. Durch Einsetzen in die Formel für den internen Zinsfuß erhält man $p_0 = 10.83\,\%$. Da der interne Zinsfuß unter dem Kalkulationszinsfuß liegt, gilt die Investition als nicht vorteilhaft.

In Tabelle 5.2 sind die Ergebnisse zusammengefaßt.

Tabelle 5-2 Zusammenstellung der Daten für die Ermittlung des internen Zinsfußes

Nutzungsdauer Jahre n	Rückfluß in tausend DM	Zinssatz $p_1 = 12\,\%$ Barwert in tausend DM	Zinssatz $p_2 = 10\,\%$ Barwert in tausend DM
0	-456	-456	-456
1	104	93	95
2	130	104	107
3	140	99	105
4	80	51	55
5	100	57	62
6	75	38	42
Kapitalwert K_0		$-14\,276.95$ K_{01}	$10\,236.30$ K_{02}
interner Zinsfuß $$p_0 = p_1 - \left(\frac{p_2 - p_1}{K_{02} - K_{01}}\right) \cdot K_{01}$$		$p_0 = 10.834\,\%$	

Im Programm erfolgt die Berechnung des internen Zinsfußes nicht durch eine lineare Extrapolation, sondern mit einem genaueren, iterativen Verfahren, das bereits zur Berechnung des Zinssatzes in der Zinseszinsrechnung (Abschnitt 1.2) und der Rentenrechnung (Abschnitt 2) verwendet wurde.

5.2.3 Annuitätenmethode

In der Annuitätenmethode werden die Annuitäten der Rückflüsse des Investitionsobjetes berechnet. Das sind die über die Zinseszinsrechnung auf einen konstanten Wert gebrachten jährlichen Zahlungsdifferenzen aus Ein- und Auszahlungen für die Dauer der Investition.

Von mehreren Investitionsobjekten ist das am vorteilhaftesten, das den größten positiven jährlichen Rückfluß (Annuität) besitzt.

Das Annuitätenverfahren ist eine Variante der Kapitalwertmethode. Kapitalwert K_0 und Annuität stehen dabei miteinander in folgender Beziehung:

$$K_0 = \text{Annuität} \times \boxed{\frac{(i + 1)^n - 1}{i\,(1 + i)^n}} \longleftarrow \begin{cases} \text{nachschüssiger Rentenbarwertfaktor} \\ \text{oder} \\ \text{Kapitalwiedergewinnungsfaktor} \end{cases}$$

(5-8)

Der über die Annuität ausgerechnete Kapitalwert wird als Kapitalgrenzwert bezeichnet. Dieser gibt die Obergrenze des Kapitaleinsatzes an, bis zu der bei bekannten Einnahmeüberschüssen und Zinssätzen das gesamte investierte Kapital zurückfließt.

Das Programm errechnet den Kapitalwert, die Annuität und den internen Zinsfuß eines Investitionsvorhabens, wie dies am folgenden Beispiel gezeigt wird. Da zur Ermittlung des internen Zinsfußes häufig mehrere Iterationen durchgeführt werden müssen, kann sich die Ausgabe einige Zeit verzögern. Die Berechnungen des Kapitalwertes und der Annuität können wahlweise mit anderen Zinssätzen neu durchgerechnet werden.

Beispiel 5.2-1:

Für das bereits oben geschilderte Investitionsvorhaben soll der Kapitalwert, die Annuität und der interne Zinsfuß berechnet werden. Für den Kapitalwert und die Annuität soll die Rechnung auch für den Zinssatz von 10 % durchgeführt werden.

```
ERGEBNIS                   Berechnung von Kapitalwert, internem Zinssatz und Annuität
-------------------------------------------------------------------------------------
PERIODE    INVESTITION    EINNAHMEN    AUSGABEN    RÜCKFLUSS      q        BARWERT
-------------------------------------------------------------------------------------
            456000                                                        -456000
  1                        180000       76000       104000      .89       92857.14
  2                        220000       90000       130000      .8        103635.2
  3                        250000       110000      140000      .71       99649.24
  4                        160000       80000       80000       .64       50841.45
  5                        140000       40000       100000      .57       56742.69
  6                        100000       60000       40000       .51       37997.34
-------------------------------------------------------------------------------------
                               KAPITALWERT BEI   12 % :      -14276.94

                               ANNUITÄT BEI   12 %    :       -3472.52

                               INTERNER ZINSSATZ      :        10.81 %


SOLL MIT EINEM ANDEREN ZINSSATZ GERECHNET WERDEN (J/N) ? j

NEUER ZINSSATZ ? 10
```
a)

```
ERGEBNIS                   Berechnung von Kapitalwert, internem Zinssatz und Annuität
-------------------------------------------------------------------------------------
PERIODE    INVESTITION    EINNAHMEN    AUSGABEN    RÜCKFLUSS      q        BARWERT
-------------------------------------------------------------------------------------
            456000                                                        -456000
  1                        180000       76000       104000      .9099999  94545.46
  2                        220000       90000       130000      .83       107438
  3                        250000       110000      140000      .75       105184.1
  4                        160000       80000       80000       .68       54641.07
  5                        140000       40000       100000      .62       62092.13
  6                        100000       60000       40000       .56       42335.54
-------------------------------------------------------------------------------------
                               KAPITALWERT BEI   10 % :       10236.25

                               ANNUITÄT BEI   10 %    :        2350.32

                               INTERNER ZINSSATZ      :        10.81 %


SOLL MIT EINEM ANDEREN ZINSSATZ GERECHNET WERDEN (J/N) ? n

SOLL EINE WEITERE BERECHNUNG DURCHGEFÜHRT WERDEN (J/N) ?
```
b)

Die Ergebnisse unseres Beispieles zeigen, daß bei einem Kalkulationszins von 12 % 6 Jahre lang jährlich ein Verlust von 3 472.52 DM entsteht, während bei einem Kalkulationszins von 10 % 6 Jahre lang jährliche Gewinne von 2 350.33 DM eintreffen. Damit ist die Investition nicht vorteilhaft.

Beispiel 5.2-2:

Ein Investitionsobjekt soll 5 Jahre genutzt werden. Während dieser Nutzungsdauer würden sich folgende Zahlungsströme einstellen, die zu 15 % verzinst werden sollen:

Zahlungsströme in tausend DM	Nutzungsdauer t (Jahre)					
	0	1	2	3	4	5
Anschaffung	750					
Einnahmen E_t	–	350	450	320	320	300
Ausgaben A_t	180	80	120	130	80	100
Verkaufserlös						200
Rückfluß $(E_t - A_t)$	–930	270	330	190	240	400

a) Berechnen Sie den Kapitalwert K_0 dieser Investition.

b) Wie groß ist näherungsweise der interne Zinsfuß? (Annahme eines zweiten Zinssatzes von 18 %).

c) Berechnen Sie die Annuitäten der Zahlungsströme für die beiden Zinssätze, die Sie zur Bestimmung des internen Zinsfußes verwendet haben.

```
ERGEBNIS            Berechnung von Kapitalwert, internem Zinssatz und Annuität
---------------------------------------------------------------------------------
PERIODE    INVESTITION    EINNAHMEN    AUSGABEN    RÜCKFLUSS     q      BARWERT
---------------------------------------------------------------------------------
              930000                                                  -930000
   1                       350000       80000       270000     .87    234782.6
   2                       450000      120000       330000     .76    249527.4
   3                       320000      130000       190000     .66    124928.1
   4                       320000       80000       240000     .57    137220.8
   5                       300000      100000       200000     .5     198870.7
---------------------------------------------------------------------------------
                                      KAPITALWERT BEI   15 % :        15329.56

                                      ANNUITÄT BEI   15 %    :         4573.05

                                      INTERNER ZINSSATZ      :        15.68 %


SOLL MIT EINEM ANDEREN ZINSSATZ GERECHNET WERDEN (J/N) ? j

NEUER ZINSSATZ ? 18
```

```
ERGEBNIS              Berechnung von Kapitalwert, internem Zinssatz und Annuität
-------------------------------------------------------------------------------
PERIODE    INVESTITION   EINNAHMEN   AUSGABEN   RÜCKFLUSS    q      BARWERT
-------------------------------------------------------------------------------
            930000                                                 -930000
   1                      350000      80000      270000     .85     228813.5
   2                      450000     120000      330000     .72     237000.9
   3                      320000     130000      190000     .61     115639.9
   4                      320000      80000      240000     .52     123789.3
   5                      300000     100000      200000     .44     174843.6
-------------------------------------------------------------------------------
                                  KAPITALWERT BEI  18 % :      -49912.81

                                  ANNUITÄT BEI   18 %   :      -15961.01

                                  INTERNER ZINSSATZ     :        15.68 %


SOLL MIT EINEM ANDEREN ZINSSATZ GERECHNET WERDEN (J/N) ?
```

Programmlisting 5.2.1 bis 5.2.3

```
2150 '###########################################################################
2160 '################### DYNAMISCHE INVESTITIONSRECHNUNG #######################
2170 '###########################################################################
2180 '
2190 '
2200 '###########################################################################
2210 '#         ERMITTLUNG VON BARWERT, INTERNEM ZINSFUSS UND ANNUITÄT         #
2220 '###########################################################################
2230 '
2240 '############################## EINGABE #####################################
2250 '
2260 CLS
2270 PRINT"EINGABE"
2280 LOCATE  1,22:COLOR 0,7:PRINT"Berechnung von Kapitalwert, internem Zinssatz
und Annuität":COLOR 7,0
2290 LOCATE  2,1:PRINT"----------------------------------------------------------
---------------------"
2300 PRINT:INPUT"NUTZUNGSDAUER (ANZAHL DER PERIODEN)";N
2310 PRINT:INPUT"ZINSSATZ ";P
2320 PRINT:INPUT"ANSCHAFFUNGSAUSGABEN ";A
2330 PRINT:INPUT"VERKAUFSERLöS ";V
2340 PRINT
2350 FOR I = 1 TO N
2360 PRINT"EINZAHLUNG AM ENDE DER"I". PERIODE ";
2370 INPUT E(I)
2380 PRINT"AUSZAHLUNG AM ENDE DER"I". PERIODE ";
2390 INPUT A(I)
2400 PRINT
2410 '
```

```
2420 '************************** BERECHNUNG *****************************
2430 '
2440 NEXT I
2450 GOSUB 2920            :'Unterprogramm zur Berechnung des internen Zinssatz
2460 CLS : S=0
2470 FOR I = 1 TO N
2480 Q = 1+P/100 : Q1 = P/100      :'Zinssätze
2490 IF I=N GOTO 2500 ELSE GOTO 2520
2500 S(N) = (E(N)+V-A(N))*(1/Q^N)   :'Rückfluß im letzten Jahr
2510 GOTO 2540
2520 S(I) = (E(I)-A(I))*(1/Q^I)     :'Rückflüsse
2530 S(I) = INT(S(I)*100+.5)/100
2540 S    = S + S(I)                :'Aufsummierung der Rückflüsse
2550 Q(I) = 1/Q^I                   :'Zinsfaktoren
2560 Q(I)=INT(Q(I)*100+.5)/100
2570 NEXT I
2580 K0 = S-A                       :'Kapitalwert
2590 K0 = INT(K0*100+.5)/100
2600 AN = K0*(Q1*(1+Q1)^N)/((Q1+1)^N-1) :'Annuität
2610 AN = INT(AN*100+.5)/100
2620 '
2630 '********************** AUSGABEKOPF ***************************
2640 '
2650 CLS
2660 PRINT"ERGEBNIS
2670 LOCATE  1,22:COLOR 0,7:PRINT"Berechnung von Kapitalwert, internem Zinssatz
und Annuität":COLOR 7,0
2680 LOCATE  2,1:PRINT"------------------------------------------------------
----------------------"
2690 PRINT"PERIODE   INVESTITION  EINNAHMEN   AUSGABEN   RÜCKFLUSS   q
BARWERT
2700 PRINT"------------------------------------------------------------------
----------"
2710 '
2720 '********************** AUSGABEPROTOKOLL ***********************
2730 '
2740 PRINT;TAB(12);A;TAB(70);A*(-1)
2750 FOR I = 1 TO N
2760 PRINT;I;TAB(25);E(I);TAB(38);A(I);TAB(49);E(I)-A(I);TAB(59);Q(I);TAB(70);S(
I)
2770 NEXT I
2780 PRINT"------------------------------------------------------------------
----------"
2790 PRINT;TAB(40)"KAPITALWERT BEI "P"% :";TAB(70);K0
2800 PRINT
2810 PRINT;TAB(40)"ANNUITÄT BEI "P"%     :";TAB(70);AN
2820 PRINT
2830 PRINT;TAB(40)"INTERNER ZINSSATZ     : ";TAB(70);X"%"
2840 PRINT
2850 PRINT;INPUT"SOLL MIT EINEM ANDEREN ZINSSATZ GERECHNET WERDEN (J/N) ";J$
```

```
2860 IF J$="J" OR J$="j" GOTO 2870 ELSE GOTO 3370
2870 PRINT:INPUT"NEUER ZINSSATZ ";P
2880 GOTO 2460
2890 '
2900 '************ UNTERPROGRAMM ZUR BERECHNUNG DES INTERNEN ZINSSATZES *******
2910 '
2920 CLS : S=0 : X=P
2930 GOSUB 3050
2940 IF (S-A) > 0 THEN 2960
2950 IF (S-A) < 0 THEN 3000
2960 GOSUB 3050
2970 IF (S-A) < 9.999999E-06 THEN  3180
2980 X = X + .01
2990 GOTO 2960
3000 GOSUB 3050
3010 IF (A-S) < 9.999999E-06 THEN  3180
3020 X = X - .01
3030 GOTO 3000
3040 '-------------------- UNTERPROGRAMM --------------------------
3050 S=0
3060 LOCATE 15,35:PRINT"Bitte Warten"
3070 LOCATE 17,20:PRINT"Ermittlung des Internen Zinsfusses :"X"%
3080 FOR I = 1 TO N
3090 Q = 1+X/100
3100 IF I=N GOTO 3110 ELSE GOTO 3130
3110 S(N) = (E(N)+V-A(N))*(1/Q^N)
3120 GOTO 3140
3130 S(I) = (E(I)-A(I))*(1/Q^I)
3140 S   = S + S(I)
3150 X = INT(X*100+.5)/100
3160 NEXT I
3170 RETURN
3180 '
```

5.2.4 Differenzinvestition

Die vorangegangenen Methoden der Kapitalwertermittlung, des internen Zinsfußes und der Annuität beurteilen verschiedene Investitionsalternativen nur dann richtig, wenn sowohl die Investitionssummen, als auch die jeweilige Investitionsdauer gleich sind. Gibt es hierbei Unterschiede, dann stellt die Differenzinvestition die formale Gleichheit her.

Ist der interne Zinsfuß der Differenzinvestition gleich dem Kalkulationszinsfuß der betrachteten Investitionsprojekte, dann ist der Kapitalwert oder die Annuität der einzelnen Projekte direkt vergleichbar, ohne die Differenzinvestition zu berücksichtigen. Sind dagegen der interne Zinsfuß der Differenzinvestition verschieden vom Kalkulationszinssatz für die Investitionsprojekte, dann sind zwei Fälle unterscheidbar:

a) Die Rückflüsse aus der Differenzinvestition sind ermittelbar.

Daraus wird der Kapitalwert der Differenzinvestition errechnet. Eine Investition mit der höchsten Investitionssumme ist dann vorteilhaft, wenn sein Kapitalwert größer oder gleich der Summe des Kapitalwertes der Investitionsalternative und des Kapitalwertes der Differenzinvestition ist.

b) Die Rückflüsse aus der Differenzinvestition sind nicht ermittelbar.

In diesem Fall wird die Differenz der Investitionssumme und die Rückflußdifferenzen der betrachteten Investitionsprojekte gebildet und daraus der Kapitalwert errechnet. Der Kapitalwert dieser Differenzinvestition gibt eine Grenze an. Erzielt die Differenzinvestition einen höheren Kapitalwert durch anderweitige Anlage, dann ist das Investitionsprojekt mit der höheren Investitionssumme nicht vorteilhaft und umgekehrt.

Weil in der Praxis der zuletzt besprochene Fall am häufigsten auftritt und dazuhin noch den Vorteil aufweist, nur den Kapitalwert der Differenzinvestition ermitteln zu müssen, nicht aber die einzelnen Kapitalwerte der Investitionsalternativen, wurde dieser Fall programmiert.

Beispiel 5.2.4-1:

Zwei Projekte sollen nach der Kapitalwertmethode verglichen werden. Das erste Projekt kostet 250 000,– DM und gibt 5 Jahre lang Rückflüsse (50 000,–; 80 000,–; 70 000,–; 60 000,–; 50 000,–). Das zweite Projekt kostet 180 000,– DM und läßt für drei Jahre Rückflüsse erwarten (60 000,–; 60 000,–; 80 000,–). Berechnet werden soll der Kapitalwert der Differenzinvestition (p = 8 %).

```
ERGEBNIS                          p = 8 %                    Differenzinvestition
-----------------------------------------------------------------------------------
             PROJEKT 1        I       PROJEKT 2       I     DIFFERENZINVESTITON
----------------------------I----------------------I------------------------------
JAHR  KAPITAL-    RÜCKFLUSS  I KAPITAL-    RÜCKFLUSS I KAPITAL-    RÜCKFLUSS   BARWERT
      EINSATZ                I EINSATZ              I EINSATZ
-----------------------------------------------------------------------------------
      250000                I 180000               I 70000                   -70000
 1               50000      I            60000     I            -10000      -9259.26
 2               80000      I            60000     I             20000      17146.78
 3               70000      I            80000     I            -10000      -7938.32
 4               60000      I                0     I             60000      44101.79
 5               50000      I                0     I             50000      34029.16
-----------------------------------------------------------------------------------
                   KAPITALWERT DER DIFFERENZINVESTITION : 8080.149


SOLL MIT EINEM ANDEREN ZINSSATZ GERECHNET WERDEN (J/N) ? n
```

Wie aus diesem Beispiel ersichtlich ist, ist der Kapitalwert positiv. Das bedeutet, daß sich die Differenzinvestition rentiert, so daß das erste Investitionsprojekt vorzuziehen ist. Im Programm ist vorgesehen, die Differenzinvestition mit unterschiedlichen Zinssätzen zu verzinsen.

Programmlisting 5.2.4:

```
3190 '###############################################################
3200 '#                    DIFFERENZINVESTITION                     #
3210 '###############################################################
3220 '
3230 '####################### EINGABE ###############################
3240 '
3250 E2(I)=0 : A2(I)=0
3260 CLS
3270 PRINT"EINGABE"
3280 LOCATE  1,60:COLOR 0,7:PRINT"Differenzinvestition":COLOR 7,0
3290 LOCATE  2,1:PRINT"------------------------------------------------
----------------------"
3300 PRINT"PROJEKT 1:"
3310 PRINT"----------"
3320 PRINT:INPUT"KAPITALEINSATZ ";K1
3330 PRINT:INPUT"NUTZUNGSDAUER (ANZAHL DER PERIODEN) ";N1
3340 PRINT
3350 FOR I = 1 TO N1
3360 PRINT"EINZAHLUNG AM ENDE DER"I". PERIODE ";
3370 INPUT E1(I)
3380 PRINT"AUSZAHLUNG AM ENDE DER"I". PERIODE ";
3390 INPUT A1(I)
3400 PRINT
3410 NEXT I
3420 CLS
3430 PRINT"EINGABE"
3440 LOCATE  1,60:COLOR 0,7:PRINT"Differenzinvestition":COLOR 7,0
3450 LOCATE  2,1:PRINT"------------------------------------------------
----------------------"
3460 PRINT"PROJEKT 2:"
3470 PRINT"----------"
3480 PRINT:INPUT"KAPITALEINSATZ ";K2
3490 PRINT:INPUT"NUTZUNGSDAUER (ANZAHL DER PERIODEN) ";N2
3500 PRINT
3510 FOR I = 1 TO N2
3520 PRINT"EINZAHLUNG AM ENDE DER"I". PERIODE ";
3530 INPUT E2(I)
3540 PRINT"AUSZAHLUNG AM ENDE DER"I". PERIODE ";
3550 INPUT A2(I)
3560 PRINT
3570 NEXT I
3580 CLS
3590 PRINT"EINGABE"
3600 LOCATE  1,60:COLOR 0,7:PRINT"Differenzinvestition":COLOR 7,0
3610 LOCATE  2,1:PRINT"------------------------------------------------
----------------------"
3620 PRINT:INPUT"ZINSSATZ DER DIFFERENZINVESTITION ";P
3630 '
```

```
3640 '**************************** BERECHNUNG ****************************************
3650 '
3660 CLS: S=0 : I = 0
3670 IF N1 > N2 THEN X=N1 ELSE  X=N2
3680 FOR I = 1 TO X
3690 Q=1+P/100                                          :'Zinssatz
3700 IF E1(I)-A1(I) > 0 AND E2(I)-A2(I) > 0 GOTO 3710 ELSE GOTO 3730
3710 R(I) = (E1(I)-A1(I))-(E2(I)-A2(I))                 :'Berechnung der Rückflüsse
3720 GOTO 3740
3730 R(I)=(E1(I)-A1(I))+(E2(I)-A2(I))                   :'Berechnung der Rückflüsse
3740 S(I)=R(I)*(1/Q^I) : S(I)=INT(S(I)*100+.5)/100 :'Verzinsung
3750 S = S + S(I) : S = INT(S*100+.5)/100              :'Aufsummierung
3760 NEXT I
3770 K0=S-(K1-K2)                                       :'Kapitalwert
3780 '
3790 '*************************** AUSGABE *****************************************
3800 '
3810 CLS
3820 PRINT"ERGEBNIS                          p ="P"%"
3830 LOCATE  1,60:COLOR 0,7:PRINT"Differenzinvestition":COLOR 7,0
3840 LOCATE  2,1:PRINT"------------------------------------------------------
---------------------"
3850 PRINT"             PROJEKT 1        I       PROJEKT 2       I      DIFFERENZINVEST
ITON"
3860 PRINT"------------------------I--------------------I-------------------
----------"
3870 PRINT"JAHR  KAPITAL-  RÜCKFLUSS I KAPITAL-  RÜCKFLUSS I KAPITAL-  RÜCKFLUSS
   BARWERT
3880 PRINT"      EINSATZ             I EINSATZ            I EINSATZ
3890 PRINT"------------------------------------------------------------------
----------"
3900 PRINT;TAB(6);K1;TAB(27)"I";TAB(28);K2;TAB(49)"I";TAB(50);K1-K2;TAB(70);(K1-
K2)*(-1)
3910 FOR I = 1 TO X
3920 PRINT; I;TAB(17);E1(I)-A1(I);TAB(27)"I";TAB(39);E2(I)-A2(I);TAB(49)"I";TAB(
60);R(I);TAB(70);S(I)
3930 NEXT I
3940 PRINT"------------------------------------------------------------------
----------"
3950 PRINT;TAB(32)"KAPITALWERT DER DIFFERENZINVESTITION :"; K0
3960 PRINT:PRINT
3970 INPUT"SOLL MIT EINEM ANDEREN ZINSSATZ GERECHNET WERDEN (J/N) ";J$
3980 IF J$="J" OR J$="j" GOTO 3990 ELSE GOTO 4010
3990 PRINT:INPUT"NEUER ZINSSATZ ";P
4000 GOTO 3660
4010 PRINT:PRINT:PRINT:PRINT
4020 '
```

5.2.5 Amortisationsrechnung

Die Amortisationsrechnung berechnet die Zeitspanne, innerhalb der das Kapital zurückgeflossen ist, d. h. sich die Investition bezahlt gemacht hat. Je größer diese Zeitspanne ist,
umso risikoreicher ist das Investitionsvorhaben. Aus diesem Grunde beurteilt die Amortisationsrechnung in grober Näherung das Investitionsrisiko. Es ist demnach diejenige Investition zu wählen, deren Amortisationsdauer am kürzesten ist. Die Amortisationsrechnung
kann auf zweierlei Arten durchgeführt werden, so daß sich zwei Varianten ergeben:

a) *Statische Amortisationsrechnung*

Sie ermittelt die Amortisationszeit, ohne das Kapital zu verzinsen (Kalkulationszinssatz $p = 0\,\%$). Bei der Kumulationsmethode wird die Amortisationszeit schrittweise
ermittelt. Zum Investitionszeitpunkt $t = 0$ fallen die Investitionsausgaben an, von
denen nacheinander ($t = 1, 2 \ldots$) die entsprechenden Rückflüsse ($E_t - A_t$) abgezogen
werden, bis die Rückflüsse so groß wie die Investitionssumme sind.

Fallen die Rückflüsse ($E_t - A_t$) pro Zeitspanne (z. B. ein Jahr) in gleicher Höhe an, so
wird die statische Amortisationszeit nach dem Durchschnittsverfahren nach folgender
einfachen Formel ermittelt:

$$t_{stat} = \frac{\text{Investitionssumme}}{\text{durchschn. Rückfluß}} = \frac{A_0}{\phi\,(E_t - A_t)} \qquad (5\text{-}9)$$

b) *Dynamische Amortisationsrechnung*

Bei diesem Verfahren wird die Amortisationszeit berechnet, nach der das Investitions-
kapital einschließlich einer Verzinsung zurückgeflossen ist. Es gilt:

$$A_0 = \sum_{t=1}^{n} (E_t - A_t) \cdot q^{-t}$$

daraus folgt für die dynamische Amortisationszeit:

$$t_{dyn} = \frac{\ln\left(\sum\limits_{t=1}^{n} E_t - A_t\right) - \ln\,(A_0)}{\ln\,(q)} \qquad (5\text{-}10)$$

Während die statische Amortisationsrechnung das Risiko für die nominelle Kapitalerhal-
tung abschätzt, gibt die dynamische Amortisationsrechnung das Risiko der realen Kapital-
erhaltung an. Wegen der subjektiven Festlegung des Kalkulationszinsfußes bei der dynamischen Amortisationsrechnung sind die ermittelten Amortisationszeiten starken subjektiven Einflüssen ausgesetzt. Aus diesen Gründen wird in der Praxis die statische Amortisationszeit zur Beurteilung des Risikos herangezogen.

Beispiel 5.2.5-1:

Ein Unternehmen installiert eine Wärmepumpe. Die Investitionssumme beträgt ein-
schließlich Montage 50 000 DM. Die Lebensdauer betrage 10 Jahre und die geschätzten
Rückflüsse betragen pro Jahr 8 00 DM. Wie groß ist die statische und die dynamische
Amortisationsdauer bei einem Kalkulationszinssatz von 8 %?

```
ERGEBNIS                                Statische und dynamische Amortisationszei
--------------------------------------------------------------------------------
JAHR        RÜCKFLÜSSE                  q                      BARWERT
--------------------------------------------------------------------------------
1           8000                        .926                   7408
2           8000                        .857                   6856
3           8000                        .794                   6352
4           8000                        .735                   5880
5           8000                        .681                   5448
6           8000                        .63                    5040
7           8000                        .583                   4664
                      ⌣   56000
8           8000                        .54                    4320
9           8000                        .5                     4000
10          8000                        .463                   3704
                                                                      53672
--------------------------------------------------------------------------------

SOLL EINE WEITERE BERECHNUNG DURCHGEFÜHRT WERDEN (J/N)?
```

Das Ergebnis zeigt, daß die statische Amortisationsdauer 7 Jahre und die dynamische 10 Jahre beträgt. Nach der unverzinsten (statischen) Berechnung ergibt sich, daß bereits Ende des 6. Jahres 48 000,— DM zurückgeflossen waren.

Programmlisting 5.2.5:

```
4030 '###############################################################
4040 '#                 AMORTISATIONSRECHNUNG                        #
4050 '###############################################################
4060 '
4070 '######################### EINGABE ##############################
4080 '
4090 CLS
4100 PRINT"EINGABE"
4110 LOCATE  1,38:COLOR 0,7:PRINT"Statische und dynamische Amortisationszeit":CO
LOR 7,0
4120 LOCATE  2,1:PRINT"-----------------------------------------------------
----------------------"
4130 PRINT:INPUT"LEBENSDAUER (ANZAHL DER PERIODEN)";N
4140 PRINT:INPUT"KALKULATIONSZINSSATZ ";P
4150 PRINT:INPUT"KAPITALEINSATZ ";A
4160 PRINT
4170 FOR I = 1 TO N
4180 PRINT"EINNAHMEN AM ENDE DER"I". PERIODE ";
4190 INPUT E(I)
4200 PRINT"AUSGABEN AM ENDE DER"I". PERIODE ";
4210 INPUT A(I)
4220 PRINT
4230 NEXT I
4240 '
4250 '######################### AUSGABE ##############################
4260 '
4270 CLS :X=0
```

```
4280 S=0:SS=0:Y=0:Z=0
4290 PRINT"ERGEBNIS
4300 LOCATE  1,38:COLOR 0,7:PRINT"Statische und dynamische Amortisationszeit":CO
LOR 7,0
4310 PRINT"-------------------------------------------------------------------
----------"
4320 PRINT"JAHR      RÜCKFLÜSSE                   q                BARWERT
4330 PRINT"-------------------------------------------------------------------
----------"
4340 FOR I = 1 TO N
4350 X=X+1: IF X=16 THEN 4360 ELSE GOTO 4440
4360 X=1:LOCATE 23,15:INPUT"ENTER = WEITER";ENT:CLS
4370 CLS
4380 PRINT"ERGEBNIS
4390 LOCATE  1,38:COLOR 0,7:PRINT"Statische und dynamische Amortisationszeit":CO
LOR 7,0
4400 PRINT"-------------------------------------------------------------------
----------"
4410 PRINT"JAHR      RÜCKFLÜSSE                   q                BARWERT
4420 PRINT"-------------------------------------------------------------------
----------"
4430 '
4440 '************************** BERECHNUNG **************************
4450 '
4460 Q  =(1/(1+P/100)^I)    : Q=INT(Q*1000+.5)/1000
4470 S(I)=(E(I)-A(I))*Q  :S(I)=INT(S(I)*100+.5)/100
4480 S=S+S(I) : SS=SS+(E(I)-A(I))
4490 PRINT;I;TAB(10);(E(I)-A(I));TAB(34);Q;TAB(58);S(I)
4500 IF S  =) A GOTO 4520
4510 IF SS =) A GOTO 4530 ELSE GOTO 4570
4520 Y=Y+1 : IF Y= 1 GOTO 4560 ELSE GOTO 4570
4530 Z=Z+1 : IF Z= 1 GOTO 4540 ELSE GOTO 4570
4540 PRINT;TAB(20);SS
4550 GOTO 4570
4560 PRINT;TAB(70);S
4570 NEXT I
4580 PRINT"-------------------------------------------------------------------
----------"
```

6 Statistik

Umfangreiches Zahlenmaterial in Wirtschaft und Technik, z.B. Umsätze, Stückzahlen, Lohnkosten, Einkaufspreise, Lieferantenrabatte usw., kann mit Hilfe der Statistik zu wenigen aussagefähigen Daten verdichtet werden.

Die Methoden der Statistik erlauben nicht nur eine sichere Analyse der Gegenwart, sondern ermöglichen auch, zukünftige Wirkungen, z.B. durch Erkennen eines Trends, bereits jetzt abschätzen zu können.

Im folgenden werden die wichtigsten statistischen Kenngrößen arithmetischer Mittelwert, Standardabweichung und Varianz erklärt. Anschließend werden Regressionsverfahren vorgestellt, mit denen es möglich wird, Trends zu erkennen und zukünftige Entwicklungen zu prognostizieren.

6.1 Statistische Kennzahlen

6.1.1 Arithmetischer Mittelwert

Der arithmetische Mittelwert $\bar{x}$ ist definiert als die Summe von i Meßwerten, dividiert durch die Anzahl der Meßpunkte.

$$\bar{x} = \frac{x_1 + x_2 + x_3 + ... + x_n}{n} = \frac{\sum_{i=1}^{n} x_i}{n} \tag{6-1}$$

$$\bar{y} = \frac{y_1 + y_2 + y_3 + ... + y_n}{n} = \frac{\sum_{i=1}^{n} y_i}{n} \tag{6-2}$$

x_i (y_i) x-Wert (y-Wert) des Punktes i
n Anzahl der Meßpunkte

Da in den arithmetischen Mittelwert alle Meßwerte gleichgewichtig eingehen, können extreme Werte den arithmetischen Mittelwert in eine Richtung hin drastisch verändern.

Der arithmetische Mittelwert hat folgende Eigenschaften:

1. Die Summe der Abweichungen aller Meßwerte vom arithmetischen Mittelwert ist Null.

2. Die Summe der quadratischen Abweichungen ist für den arithmetischen Mittelwert ein Minimum. Diese wichtige Eigenschaft findet in der Regressionsrechnung (siehe Abschnitt 6.2) ihre Anwendung.

6.1.2 Standardabweichung und Varianz

Im folgenden Beispiel 6.1-1 sind die beiden arithmetischen Mittelwerte gleich groß, obwohl die Umsätze in Woche 41 im Vergleich zur Woche 12 größeren Schwankungen unterliegen.

Der arithmetische Mittelwert sagt über die Schwankungen und damit über die Verteilung der Meßpunkte nichts aus. Über die Streuung von Meßpunkten geben die Streuungsmaße Auskunft. Dazu zählen die Standardabweichung σ und die Varianz σ^2.

Je nachdem, ob es sich um alle Meßwerte einer Meßreihe, d. h. eine Grundgesamtheit, oder um eine Auswahl aus dieser Grundgesamtheit, d. h. eine Stichprobe handelt, sind in der Statistik aus Gründen der Genauigkeit zwei Formeln üblich:

	Standardabweichung	Varianz	
Grundgesamtheit	$\sigma_n = \sqrt{\dfrac{\sum\limits_{i=1}^{n}(x_i - \overline{x})^2}{n}}$	$\sigma_n^2 = \dfrac{\sum\limits_{i=1}^{n}(x_i - \overline{x})^2}{n}$	(6-3)
Stichprobe	$\sigma_{n-1} = \sqrt{\dfrac{\sum\limits_{i=1}^{n}(x_i - \overline{x})^2}{n-1}}$	$\sigma_{n-1}^2 = \dfrac{\sum\limits_{i=1}^{n}(x_i - \overline{x})^2}{n-1}$	(6-4)

Die Standardabweichung ist die Wurzel aus der Summe der quadratischen Abweichungen der Meßwerte vom arithmetischen Mittelwert:

$$\sum_{i=1}^{n}(x_i - \overline{x})^2$$

dividiert durch

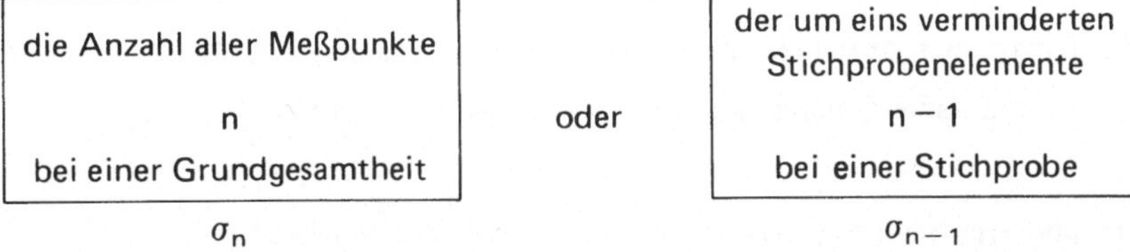

Ist die Anzahl der Meßpunkte (n) größer als 30, ist der Unterschied zwischen beiden Formeln so klein, daß man wahlweise mit der einen oder anderen Formel rechnen kann.

Hohe Standardabweichungen bedeuten große Abweichungen vom arithmetischen Mittelwert, kleine zeigen geringe Abweichungen an.

Die Varianz ist das Quadrat der jeweiligen Standardabweichungen. Sie spielt in der Praxis keine so große Rolle wie die Standardabweichung; mit ihrer Hilfe lassen sich aber viele komplizierte Formeln der Statistik einfacher darstellen.

Die Eingabe der Daten kann entweder über die Tastatur (mit Korrekturmöglichkeit) oder über eine externe Datei (z. B. auf Diskette) erfolgen. Zu den eingegebenen Daten können weitere Werte hinzugefügt werden (mit Korrekturmöglichkeit). Die benutzten Werte können auf Diskette abgespeichert werden, um zur weiteren Verarbeitung (beispielsweise

für andere Regressionsmethoden) zur Verfügung zu stehen. Dies kann bei großen Daten-
mengen zu einer beträchtlichen Zeitersparnis führen.

Beispiel 6.1-1:

Folgende Umsätze sind in Woche 12 und 41 getätigt worden:

Umsatz in Woche 12

	Mo	Di	Mi	Do	Fr
Umsatz TDM	30,5	37,8	35,4	36,2	32,7

Umsatz in Woche 41

	Mo	Di	Mi	Do	Fr
Umsatz TDM	26,5	38,5	38,5	42,2	26,8

Berechnen Sie den arithmetischen Mittelwert für Woche 12 und Woche 41 sowie für alle
beiden Wochen, ferner die Standardabweichungen und die Varianzen für die Grundgesamtheit und die Stichprobe.

```
BERECHNUNG VON MITTELWERT, STANDARDABWEICHUNG UND VARIANZ            Statisti
-----------------------------------------------------------------------------
ERGEBNIS:



        Mittelwert bei 5 Punkten: 34.52


                I        Standardabweichung        I        Varianz         I
    ------------I--------------------------------I----------------------------I
    Grund-      I          2.601077              I          6.7656           I
    gesamtheit  I                                I                           I
    ------------I--------------------------------I----------------------------I
    Stich-      I          2.908092              I          8.457            I
    probe       I                                I                           I
    ------------I--------------------------------I----------------------------I


-----------------------------------------------------------------------------
WOLLEN SIE WEITERE WERTE EINGEBEN (J/N) ? n

SOLLEN DIE WERTE AUF DATEI ABGESPEICHERT WERDEN (J/N) ? n

SOLL EINE WEITERE BERECHNUNG DURCHGEFÜHRT WERDEN (J/N) ?


BERECHNUNG VON MITTELWERT, STANDARDABWEICHUNG UND VARIANZ            Statisti
-----------------------------------------------------------------------------
ERGEBNIS:



        Mittelwert bei 5 Punkten: 34.5


                I        Standardabweichung        I        Varianz         I
    ------------I--------------------------------I----------------------------I
    Grund-      I          6.551031              I          42.91601         I
    gesamtheit  I                                I                           I
    ------------I--------------------------------I----------------------------I
    Stich-      I          7.324275              I          53.64501         I
    probe       I                                I                           I
    ------------I--------------------------------I----------------------------I


-----------------------------------------------------------------------------
WOLLEN SIE WEITERE WERTE EINGEBEN (J/N) ?
```

Beispiel 6.1-2:

Bei einer Stichprobe wurden folgende Ausschußraten festgestellt:

	Mo	Di	Mi	Do	Fr
Ausschußrate in %	6,8	5,3	2,1	3,2	2,8

Berechnen Sie den arithmetischen Mittelwert, die Standardabweichung und die Varianz.

```
BERECHNUNG VON MITTELWERT, STANDARDABWEICHUNG UND VARIANZ              Statistik
-------------------------------------------------------------------------------
ERGEBNIS:



     Mittelwert bei 5 Punkten: 4.04


                I      Standardabweichung       I        Varianz          I
     -----------I---------------------------------I------------------------I
     Grund-     I         1.744248              I         3.0424           I
     gesamtheit I                               I                          I
     -----------I---------------------------------I------------------------I
     Stich-     I         1.950128              I         3.803001         I
     probe      I                               I                          I
     -----------I---------------------------------I------------------------I


-------------------------------------------------------------------------------
WOLLEN SIE WEITERE WERTE EINGEBEN (J/N) ? n

SOLLEN DIE WERTE AUF DATEI ABGESPEICHERT WERDEN (J/N) ? n

SOLL EINE WEITERE BERECHNUNG DURCHGEFÜHRT WERDEN (J/N) ? n
```

Programmlisting 6.1

```
10 '##############################################################
20 '#################### STATISTISCHE KENNZAHLEN ################################
30 '##############################################################
40 '
50 DIM X(100),S(100)  :'Dimensionierung
60 '
70 '##############################################################
80 '*        BERECHNUNG VON MITTELWERT,STANDARDABWEICHUNG UND VARIANZ       *
90 '##############################################################
100 CLS
110 LOCATE  1, 1:PRINT"BERECHNUNG VON MITTELWERT, STANDARDABWEICHUNG UND VARIANZ
"
120 LOCATE  1,71:COLOR 0,7:PRINT"Statistik":COLOR 7,0
130 LOCATE  2, 1:PRINT"------------------------------------------------------
----------------------"
140 LOCATE  5, 1:PRINT"Eingabe der Werte:
150 LOCATE  8, 1:PRINT"über Bildschirm......................................
...........:  1
```

```
160 LOCATE 10, 1:PRINT"Von Datei einlesen.....................................
..........:    2
170 GOSUB 1380
180 IF WAHL > 2 THEN 170
190 ON WAHL GOTO 250,200
200 GOSUB 1120                :'Unterprogramm zum Auslesen der Werte aus Datei
210 GOTO 690
220 '
230 '##################### EINGABE DER WERTEPAARE #########################
240 '
250 CLS
260 LOCATE  1, 1:PRINT"BERECHNUNG VON MITTELWERT, STANDARDABWEICHUNG UND VARIANZ
"
270 LOCATE  1,71:COLOR 0,7:PRINT"Statistik":COLOR 7,0
280 LOCATE  2, 1:PRINT"----------------------------------------------------------
---------------------"
290 LOCATE  3, 1:PRINT"EINGABE DER WERTE (ENDE MIT -1)
300 PRINT
310 FOR I = 1 TO 100
320 PRINT;I". WERT ";
330 INPUT X(I)
340 IF X(I) = -1 THEN 360
350 NEXT I
360 CLS
370 N = I-1
380 LOCATE  1, 1:PRINT"BERECHNUNG VON MITTELWERT, STANDARDABWEICHUNG UND VARIANZ
"
390 LOCATE  1,71:COLOR 0,7:PRINT"Statistik":COLOR 7,0
400 LOCATE  2, 1:PRINT"----------------------------------------------------------
---------------------"
410 LOCATE  4, 1:PRINT"Sie haben"N"Werte eingelesen.
420 LOCATE  6, 1:INPUT"Wollen Sie weitere Werte eingeben (J/N) ";A$
430 IF A$="J" OR A$="j" THEN 480
440 LOCATE 11, 1:INPUT"Wollen Sie eingegebene Werte korrigieren (J/N) ";A$
450 IF A$="J" OR A$="j" THEN 590
460 GOTO 690
470 '
480 '##################### EINGABE VON WEITEREN WERTEN ######################
490 '
500 CLS
510 LOCATE  3, 1:PRINT"Geben Sie weitere Werte ein (Ende mit -1)."
520 PRINT
530 FOR I = I TO 100
540 PRINT:PRINT;I". Wert ";
550 INPUT X(I)
560 IF X(I) = -1 THEN 360
570 NEXT
580 '
590 '####################### WERTE KORRIGIEREN ##########################?
600 '
610 CLS
```

```
620 LOCATE 3,1:PRINT"Sie haben die Möglichkeit eingegebene Werte zu korrigieren:
"
630 LOCATE 5,1:INPUT"Welchen Wert wollen Sie korrigieren ";A
640 LOCATE 7,1:PRINT"Der"A". Wert lautet :";X(A)
650 LOCATE 9,1:PRINT"Korrektur des "A". Wertes";
660 INPUT X(A)
670 GOTO 440
680 '
690 '************************** BERECHNUNG ******************************************
700 '
710 S3=0 : S4=0
720 FOR I = 1 TO N
730 S3 = S3 + X(I)               :'Aufsummierung aller X-Werte
740 NEXT I
750 M = S3/N                     :'Mittelwert
760 FOR I = 1 TO N
770 S(I) = (X(I)-M)^2            :'Quadratische Abweichung vom Mittelwert
780 S4 = S(I) + S4               :'Aufsummierung der Abweichungen
790 NEXT I
800 SS = SQR(S4/(N-1))           :'Standardabweichung Stichprobe
810 SG = SQR(S4/N)               :'Standardabweichung Grundgesamtheit
820 VS = (S4/(N-1))              :'Varianz Stichprobe
830 VG = (S4/N)                  :'Varianz Grundgesamtheit
840 '
850 '************************** AUSGABE *******************************************?
860 '
870 CLS
880 LOCATE  1, 1:PRINT"BERECHNUNG VON MITTELWERT, STANDARDABWEICHUNG UND VARIANZ
"
890 LOCATE  1,71:COLOR 0,7:PRINT"Statistik":COLOR 7,0
900 LOCATE  2, 1:PRINT"-----------------------------------------------------------
----------------------"
910 LOCATE  3, 1:PRINT"ERGEBNIS:
920 LOCATE  7, 7:PRINT"Mittelwert bei"N"Punkten:";M
930 LOCATE 10, 7:PRINT"              I      Standardabweichung        I        Varia
nz         I
940 LOCATE 11, 7:PRINT"-------------I---------------------------------I-------------
-------------I"
950 LOCATE 12, 7:PRINT"Grund-       I";TAB(26);SG;TAB(51)"I";TAB(58);VG;TAB(77)"I
"
960 LOCATE 13, 7:PRINT"gesamtheit  I                                 I
         I"
970 LOCATE 14, 7:PRINT"-------------I---------------------------------I-------------
-------------I"
980 LOCATE 15, 7:PRINT"Stich-       I";TAB(26);SS;TAB(51)"I";TAB(58);VS;TAB(77)"I
"
990 LOCATE 16, 7:PRINT"probe        I                                 I
         I"
1000 LOCATE 17, 7:PRINT"-------------I---------------------------------I-------------
--------------I"
1010 LOCATE 19, 1:PRINT"----------------------------------------------------------
----------------------"
```

```
1020 LOCATE 20, 1:INPUT"WOLLEN SIE WEITERE WERTE EINGEBEN (J/N) ";J$
1030 IF J$="J" OR J$="j" GOTO 360
1040 LOCATE 22, 1:INPUT"SOLLEN DIE WERTE AUF DATEI ABGESPEICHERT WERDEN (J/N) ";
J$
1050 IF J$="J" OR J$="j" THEN GOSUB 1240
1060 LOCATE 24, 1:INPUT"SOLL EINE WEITERE BERECHNUNG DURCHGEFÜHRT WERDEN (J/N) "
;J$
1070 IF J$="J" OR J$="j" GOTO 70 ELSE GOTO 1440
1080 GOTO 10
1090 '
1100 '**************** ALLGEMEINE UNTERPROGRAMME ***************************
1110 '
1120 '---- UNTERPROGRAMM ZUM AUSLESEN DER WERTE AUS DATEI (BEI EINEM WERT) ----
1130 '
1140 CLS
1150 LOCATE 10,10:INPUT"Von welcher Datei sollen die Werte gelesen werden ";F$
1160 OPEN "i" , #1, F$
1170 INPUT #1,N
1180 FOR I=1 TO N
1190 INPUT #1,X(I)
1200 NEXT
1210 CLOSE
1220 RETURN
1230 '
1240 '---- UNTERPROGRAMM ZUM SCHREIBEN DER WERTE IN DATEI (BEI EINEM WERT) ---
1250 '
1260 CLS
1270 LOCATE 10,10
1280 INPUT"Wie soll Ihre Datei heissen ";F$
1290 OPEN "o" , #1, F$
1300 PRINT #1,N
1310 FOR I = 1 TO N
1320 PRINT #1,X(I)
1330 NEXT
1340 CLOSE
1350 RETURN
1360 '
1370 '
1380 '---------------- UNTERPROGRAMM "Bitte wählen Sie" --------------------
1390 '
1400 LOCATE 23,28:COLOR 16,7:PRINT"Bitte wählen Sie: "
1410 LOCATE 23,49:COLOR  0,7:PRINT SPC(3)
1420 LOCATE 23,49:COLOR  0,7:INPUT" ",WAHL:COLOR 7,0
1430 RETURN
1440 CLS
1450 LOCATE 11,15:PRINT"******************************************************
1460 LOCATE 12,15:PRINT"*                                                    *
1470 LOCATE 13,15:PRINT"*              ENDE DER BERECHNUNG                    *
1480 LOCATE 14,15:PRINT"*                                                    *
1490 LOCATE 15,15:PRINT"******************************************************
1500 PRINT:PRINT:PRINT:PRINT:PRINT
```

6.2 Näherungsrechnungen (Regressionen)

Gibt es für Meßpunkte mit den Meßwerten x und y keinen formelmäßigen, funktionalen Zusammenhang, so kann man mit Hilfe der Statistik durch eine Näherungsrechnung einen Zusammenhang zwischen x- und y-Werten finden.

Dieses ,,Zurückführen'' eines Zusammenhangs auf eine mathematische Funktionsgleichung nennt man ,,Regression''.

Ziel der Näherungsrechnung ist es, eine Regressionsfunktion $y_R = f(x)$ so durch die Punktepaare x_i, y_i zu legen, daß die beobachteten y_i-Werte möglichst wenig von den errechneten y_R-Werten abweichen. Aus diesem Grunde wird immer gefordert, daß das Quadrat der Summe aller Abweichungen (Fehlerquadrate) $F^2 = \sum_{i=1}^{n} (y_R - y_i)^2$ ein Minimum wird. Diese Bedingung wird erfüllt, wenn man die ersten Ableitungen des Fehlerquadrates gleich null setzt, wobei die zweiten Ableitungen positiv sein müssen.

Wie Bild 6-1 zeigt, werden in diesem Abschnitt die lineare, logarithmische, exponentielle und polynome Regression behandelt. Die wichtigste Regression ist die lineare Regression, d. h. die Beschreibung des funktionalen Zusammenhangs durch eine Regressionsgerade $y_R = ax + b$. Die logarithmische $y_R = a \cdot \ln(x) + b$ bzw. die exponentielle Regression $y_R = b \cdot e^{ax}$ können durch Anwenden der Exponential- bzw. Logarithmusoperation auf eine lineare Regression zurückgeführt werden. Die lineare Regression stellt den Sonderfall der polynomen Regression $y_R = a_0 + a_1 x + a_2 x^2 + \dots$ für die höchste Potenz in x gleich eins dar.

Das Programm bietet einerseits die Möglichkeit, die ermittelte Regressionsfunktion grafisch darzustellen und andererseits mit denselben Daten unterschiedliche Regressionen durchzuführen. Während die grafische Darstellung die Anschaulichkeit fördert, ist die Mehrfachauswertung derselben Daten wichtig, um die beste Näherungsalternative ermitteln zu können. Ferner ist ein Einlesen und ein Abspeichern auf einer externen Datei (z. B. auf Diskette) möglich. Sind die Kurvenverläufe je nach Regressionsart bekannt, so können für gewählte Punkte die entsprechenden Vorhersagewerte ermittelt werden (Prognoserechnung).

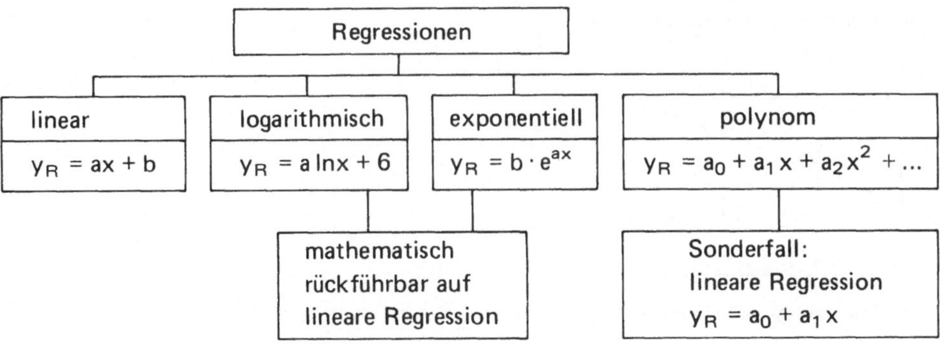

Bild 6-1 Regressionsarten

6.2.1 Lineare Regression

Die lineare Regression berechnet für eine Vielzahl von zweidimensionalen Punkten P_i mit den Koordinaten (x_i, y_i) die bestangepaßteste Gerade. Das bedeutet, daß die Abweichungen der Koordinaten der Punkte von dieser „Regressionsgeraden" minimal sind.

Die Gleichung der Regressionsgeraden hat die allgemeine Form:

$$y = ax + b$$

Dabei ist a die Steigung und b der Achsenabschnitt der Regressionsgeraden. Im folgenden werden die zur Berechnung der Konstanten a und b geltenden Formeln ohne ausführliche mathematische Herleitung angegeben.

$$a = \frac{\sum_i (x_i - \overline{x})(y_i - \overline{y})}{\sum_i (x_i - \overline{x})^2} \qquad\qquad (6\text{-}5)$$

Dabei ist:

x_i x-Wert des Punktes i

y_i y-Wert des Punktes i

$\sum\limits_i$ Abkürzung für $\sum\limits_{i=1}^{n}$: Summe aller i Punkte von i = 1 bis zum letzten Punkt i = n

$\overline{x}$ arithmetischer Mittelwert der x-Werte:

$$\overline{x} = \frac{1}{n} \sum_i x_i$$

$\overline{y}$ arithmetischer Mittelwert der y-Werte:

$$\overline{y} = \frac{1}{n} \sum_i y_i$$

Setzt man die Formeln für die arithmetischen Mittelwerte $\overline{x}$ und $\overline{y}$ ein, so erhält man nach Umformung folgende Formel:

$$a = \frac{\sum_i x_i y_i - \dfrac{\sum_i x_i \sum_i y_i}{n}}{\sum_i x_i^2 - \dfrac{\left(\sum_i x_i\right)^2}{n}} \qquad\qquad (6\text{-}6)$$

Aus der Gleichung der Regressionsgeraden $\overline{y} = a\overline{x} + b$ erhält man für b:

$$b = \overline{y} - a\overline{x}$$

Setzt man die Formeln für die arithmetischen Mittelwerte $\bar{y}$ und $\bar{x}$, sowie den Ausdruck für a ein, so erhält man:

$$b = \underbrace{\left[\frac{\sum\limits_i y_i}{n}\right]}_{\bar{y}} - \underbrace{\left(\frac{\sum\limits_i x_i y_i - \dfrac{\sum\limits_i x_i \sum\limits_i y_i}{n}}{\sum\limits_i x_i^2 - \dfrac{\left(\sum\limits_i x_i\right)^2}{n}}\right)}_{a} \underbrace{\left[\frac{\sum\limits_i x_i}{n}\right]}_{\bar{x}} \qquad (6\text{-}7)$$

6.2.1.1 Korrelation

Neben der Bestimmung der Regressionsgeraden mit ihrer Steigung a und dem y-Achsenabschnitt b ist vor allem wichtig zu wissen, wie genau sich die Punkte (x_i/y_i) durch die Regressionsgeraden annähern lassen.

Die Übereinstimmung dieser Punkte mit der Regressionsgeraden gibt der Korrelationskoeffizient Corr an.

Liegen alle Punkte auf der Regressionsgeraden, so ist der Corr $= \pm\,1$.

+ Für steigende x-Werte steigen auch die y-Werte (z. B. bei steigenden Preisen steigende Angebotsmengen von Gütern).

− Für steigende x-Werte fallen dagegen die y-Werte (z. B. bei steigenden Preisen fallende Nachfragemengen von Gütern).

Bild 6-2 veranschaulicht diese Zusammenhänge.

Korrelation	Grafik
+ 1	
− 1	

Bild 6-2

Je nach Stärke der Kopplung zwischen den x- und y-Werten unterscheidet man folgende Klassen:

Betrag des Korrelationskoeffizienten	Stärke der Kopplung
Corr $= 0$	kein Zusammenhang
$0 < $ ICorr I $< 0,4$	geringer Zusammenhang
$0,4 < $ ICorr I $< 0,7$	mittlerer Zusammenhang
$0,7 < $ ICorr I $< 1,0$	hoher Zusammenhang
ICorr I $= 1$	völliger Zusammenhang

Die Formel für den Korrelationskoeffizienten Corr lautet:

$$\text{Corr} = \frac{\sum_i (x_i - \overline{x}) \cdot (y_i - \overline{y})}{\sqrt{\sum_i (x_i - \overline{x})^2 \cdot \sum_i (y_1 - \overline{y})^2}} \qquad (6\text{-}8)$$

Setzt man die bekannten Formeln für die arithmetischen Mittelwerte $\overline{x}$ und $\overline{y}$ ein, so erhält man die Formel:

$$\text{Corr} = \frac{n \sum_i x_i y_i - \left(\sum_i x_i\right) \cdot \left(\sum_i y_i\right)}{\sqrt{\left(n \sum_i x_i^2 - \left(\sum_i x_i\right)^2\right) \cdot \left(n \sum_i y_i^2 - \left(\sum_i y_i\right)^2\right)}}$$

Beispiel 6.2.1-1:

Eine Firma gibt monatlich x DM für Werbung eines Artikels aus und erzielt Erträge in Höhe von y DM. Die Beziehungen sollen auch über die angegebenen Bereiche hinaus linear extrapoliert werden können.

x Ausgaben für Werbung in DM	y Erlöse in DM
1000,–	13 200,–
1800,–	19 200,–
2400,–	21 200,–
3600,–	22 000,–
4200,–	25 600,–

a) Berechnen Sie die Regressionsgerade

b) Zeichnen Sie die Regressionsgerade

c) Wie groß ist der Korrelationskoeffizient

(Bemerkung: Das Programm gestattet es, den Punkt, der am stärksten von der Regressionsgeraden abweicht (Ausreißer), zu eliminieren).

```
ERGEBNIS                                                    Lineare Regression
------------------------------------------------------------------------------

Steigung a          :   3.270588

Achsenabschnitt b   :   11736.47

Korrelation c       :   .9339376

Regressionsgerade :   y  =   11736.47   +   3.270588 * x
------------------------------------------------------------------------------

Welcher Y-Wert soll errechnet werden (Eingabe von X) ?

Welcher X-Wert soll errechnet werden (Eingabe von Y) ?


------------------------------------------------------------------------------
SOLL EINE WEITERE BERECHNUNG DURCHGEFÜHRT WERDEN (J/N) ?
```

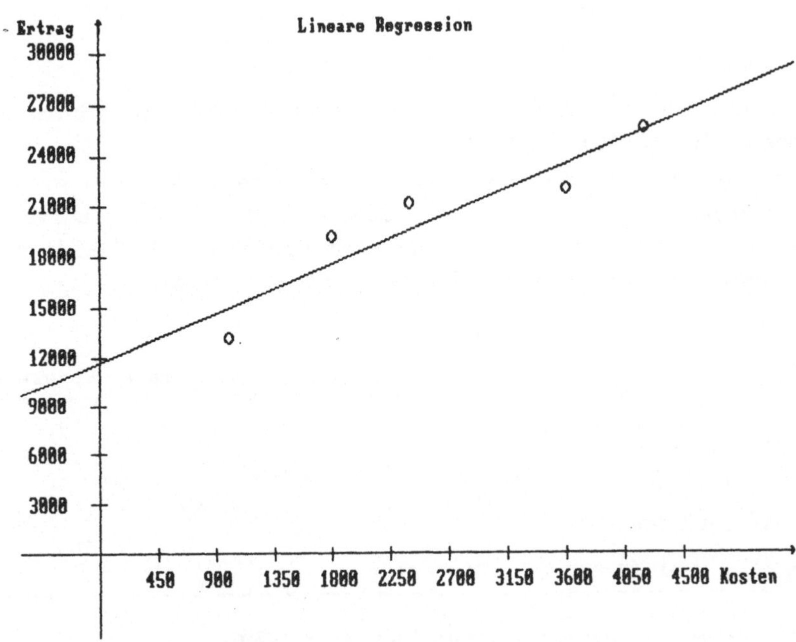

Das Ergebnis kann folgendermaßen interpretiert werden:

Ohne Werbung würde ein Erlös von 11 736.47 DM (Achsenabschnitt b) erzielt werden. Jede zusätzlich für Werbung ausgegebene Mark würde eine Erlössteigerung um 3.27 DM erbringen.

6.2.1.2 Trendlinienanalyse

Ist die Geradengleichung bekannt, so läßt sich für jeden x-Wert der zugehörige y-Wert errechnen und umgekehrt. Ist die x-Achse eine Zeitachse, so liegt eine Zeitreihe vor, aus der zukünftige Werte errechnet werden können (Prognose bei linearem Trend).

Beispiel 6.2.1-2:

Eine Firma gab folgende Beträge für Investitionen aus und erzielte damit folgende Gewinne:

Investitionen in DM (x-Werte)	Gewinne in DM (y-Werte)
60 000	23 000
15 000	4 700
28 000	10 000
44 000	16 500
36 000	12 000
11 500	3 600

Wie groß ist der durchschnittliche Gewinn $\bar{y}$, der durchschnittliche Investitionsbetrag $\bar{x}$ und die entsprechenden Standardabweichungen?

Berechnen Sie den Achsenabschnitt b und die Steigung a der Regressionsgeraden, sowie den Korrelationskoeffizienten. Wie groß ist der Gewinn y' bei Investitionen von 100 000 DM? Wieviel DM muß man investieren, um einen Gewinn von 30 000 DM zu erwirtschaften? (Berechnen Sie die Werte bei Gültigkeit der Regressionsgeraden.)

```
ERGEBNIS                                                    Lineare Regression
-------------------------------------------------------------------------------

Steigung a          :   .3999601

Achsenabschnitt b  :   -1332.033

Korrelation c       :   .9973254

Regressionsgerade :   y = -1332.033  +   .3999601 * x
-------------------------------------------------------------------------------

Welcher Y-Wert soll errechnet werden (Eingabe von X) ? 100000

y( 100000 ) = 38663.98


Welcher X-Wert soll errechnet werden (Eingabe von Y) ? 30000

x( 30000 ) = 78337.9


-------------------------------------------------------------------------------
SOLL EINE WEITERE BERECHNUNG DURCHGEFHRT WERDEN (J/N) ?
```

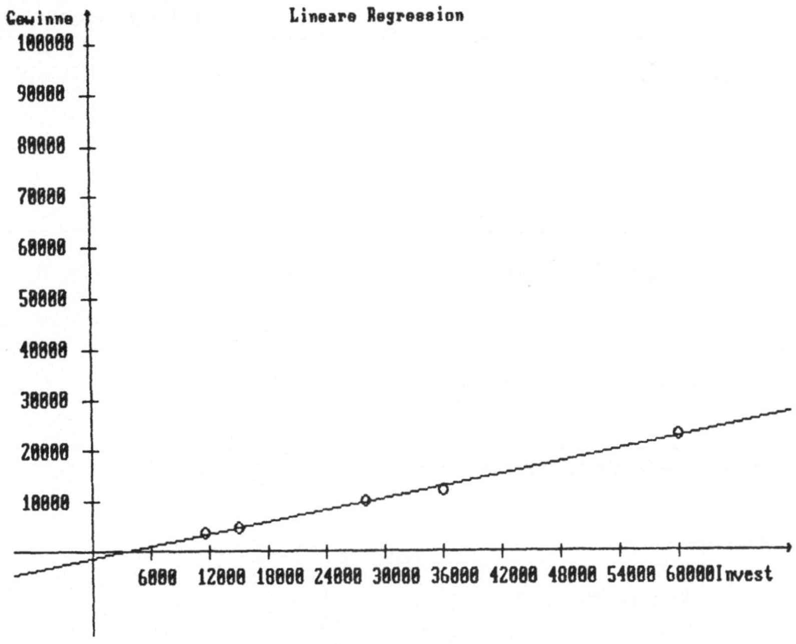

Beispiel 6.2.1.2-2:

In folgender Tabelle sind die Arbeitskosten in der Industrie von 1970 bis 1984 in Mrd DM angegeben:

	1970	1972	1973	1974	1975	1976	1977
Kosten in Mrd DM	127,88	150,04	169,20	185,03	186,17	197,49	212,44

	1978	1979	1980	1981	1982	1983	1984
Kosten in Mrd DM	223,16	238,52	257,18	265,58	267,73	266,75	273,57

Wie groß sind bei sich fortsetzendem Trend die Arbeitskosten in der Industrie im Jahre 1990?

Wie groß ist der Korrelationskoeffizient?

ERGEBNIS   Lineare Regression

Steigung a   :   10.96176

Achsenabschnitt b :   -632.9893

Korrelation c   :   .9868611

Regressionsgerade :   y = -632.9893   +   10.96176 * x

Welcher Y-Wert soll errechnet werden (Eingabe von X) ? 90

y(90) = 353.5692

Welcher X-Wert soll errechnet werden (Eingabe von Y) ?

SOLL EINE WEITERE BERECHNUNG DURCHGEFHRT WERDEN (J/N) ?

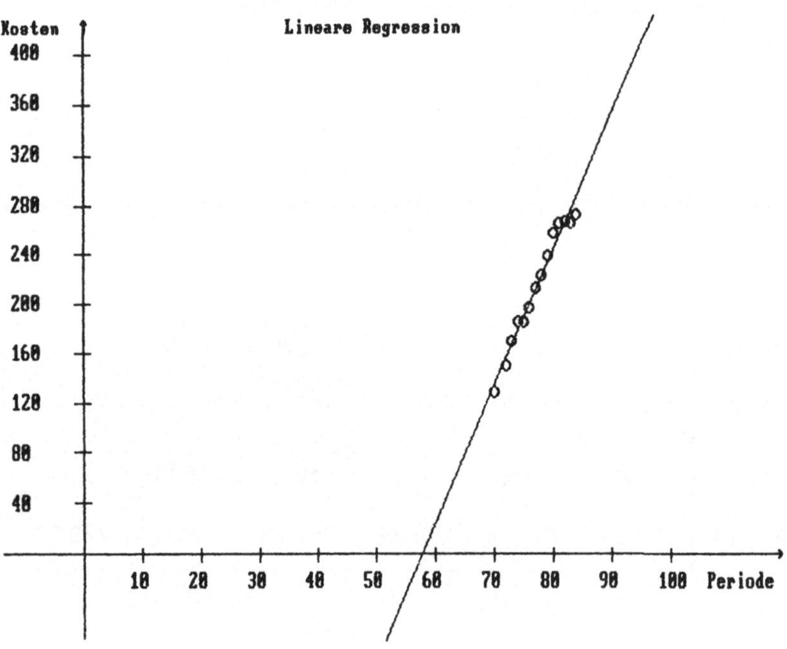

Programmlisting 6.2.1

```
10 '#################################################################
20 '#                    LINEARE REGRESSION                         #
30 '#################################################################
40 '
50 DIM X#(100),Y#(100),LI#(100),WI#(100),GR#(100),P#(100),W#(100)
60 '
70 '######### MEN ZUR AUSWAHL WIE DIE WERTE EINGEGEBEN WERDEN SOLLEN ######
80 '
90 CLS
100 LOCATE  5, 5: PRINT "Eingabe der Wertepaare:
110 LOCATE  8, 5: PRINT"ber Bildschirm.....................................
...........:  1
120 LOCATE 10, 5: PRINT"Von Datei einlesen.................................
...........:  2
130 GOSUB 2440                         :'Unterprogramm"Bitte whlen Sie"
140 ON LES GOTO 180,150
150 GOSUB 2290   :'Einlesen der Werte von Datei
160 GOTO 600
170 '
180 '############### EINGABE DER WERTEPAARE BER BILDSCHIRM ################
190 '
200 CLS
210 LOCATE  1, 5: PRINT"EINGABE DER WERTEPAARE (ENDE MIT -1,-1):
220 LOCATE  2, 1:PRINT"      ---------------------------------------------
----------------------"
230 FOR I = 1 TO 100
240 PRINT
250 PRINT"   "I" . Wertepaars ";
260 INPUT X#(I),Y#(I)
270 IF X#(I) = -1# AND Y#(I) = -1#   THEN 300
280 NEXT
290 WA = 0
300 CLS
310 N = I-1
320 PRINT:PRINT"    Sie haben"N"Wertepaare eingegeben."
330 PRINT:INPUT"    Wollen Sie weitere Werte eingeben (J/N) ";A$
340 IF A$ = "J" OR A$ = "j" THEN 390
350 PRINT:INPUT"    Wollen Sie eingegebene Werte korrigieren (J/N) ";A$
360 IF A$ = "J" OR A$ = "j" THEN 500
370 GOTO 160
380 '
390 '################### WEITERE WERTE EINGEBEN #########################
400 '
410 CLS
420 PRINT"     Sie knnen jetzt weitere Wertepaare eingeben (Ende mit -1,-1)."
: PRINT : PRINT
430 FOR I = I TO 100
440 PRINT"    "I". Wertepaar  ";
```

```
450 INPUT X#(I),Y#(I) :PRINT
460 IF X#(I) AND Y#(I) = -1 THEN 300
470 NEXT
480 GOTO 300
490 '
500 '***************** EINGEGEBENE WERTE KORRIGIEREN ********************
510 '
520 CLS
530 PRINT:PRINT"      Mglichkeit eingegebene Werte zu korigieren"
540 PRINT:INPUT"      Welches Wertepaar wollen Sie korrigieren ";A
550 PRINT:PRINT"      Korrektur des "A". Wertepaars        ";
560 INPUT X#(A),Y#(A) :PRINT
570 GOTO 350
580 CLS
590 '
600 '******************** BERECHNUNG VON A,B,C *********************
610 '
620  SX=0 : SXX=0 : SY=0 : SYY=0 : SXSY=0
630  FOR I = 1 TO N
640  SX    = SX + X#(I)
650  SXX   = SXX + X#(I)^2
660  SY    = SY + Y#(I)
670  SYY   = SYY + Y#(I)^2
680  SXSY  = SXSY + X#(I) * Y#(I)
690  DETN = (N*SXX) - (SX*SX)
700  DETZ1 = (N*SXSY) - (SY*SX)
710  DETZ2 = (SXX*SY) - (SX*SXSY)
720  DETZ3 = SQR((N*SXX-SX^2)*(N*SYY-SY^2))
730  NEXT
740  A = DETZ1 / DETN
750  B = DETZ2 / DETN
760  C = DETZ1 / DETZ3
770 '
780 '******************** AUSGABEPROTOKOLL *********************
790 '
800 CLS
810 LOCATE  1, 1:PRINT"AUSGABEPROTOKOLL"
820 LOCATE  1,62:COLOR 0,7:PRINT"Lineare Regression":COLOR 7,0
830 PRINT"----------------------------------------------------------------
---------"
840 PRINT;TAB(6)"X";TAB(19);"I";TAB(25)"Y";TAB(39)"I";TAB(45)"y errechnet  I"
850 PRINT "------------------I-------------------I-----------------I"
860 FOR I = 1 TO N
870 LI#(I) = A * X#(I) + B : LI#(I)=INT(LI#(I)*100+.5)/100
880 PRINT;TAB(3);X#(I);TAB(19)"I";TAB(22);Y#(I);TAB(39)"I";TAB(45);LI#(I);TAB(58
);"I"
890 W#(I) = ABS(LI#(I)-Y#(I))
900 NEXT
910 PRINT "----------------------------------------------------------"
920 GOSUB 1310
930 '
```

```
940 '######################### TRENDVORHERSAGE ############################
950 '
960 CLS
970 PRINT"ERGEBNIS
980 LOCATE 1,62:COLOR 0,7:PRINT"Lineare Regression":COLOR 7,0
990 PRINT"------------------------------------------------------------
----------"
1000 PRINT:PRINT"Steigung a         : "A
1010 PRINT:PRINT"Achsenabschnitt b : "B
1020 PRINT:PRINT"Korrelation c      : "C
1030 PRINT:PRINT"Regressionsgerade :  y = "B" + "A"# x "
1040 PRINT"------------------------------------------------------------
----------"
1050 PRINT:INPUT"Welcher Y-Wert soll errechnet werden (Eingabe von X) "; X
1060 IF X < > 0 GOTO 1070 ELSE GOTO 1100
1070 Y= B + A#X
1080 PRINT:PRINT"y("X") ="Y
1090 PRINT
1100 PRINT:INPUT"Welcher X-Wert soll errechnet werden (Eingabe von Y) ";Y
1110 IF Y < > 0 GOTO 1120 ELSE GOTO 1140
1120 X = (Y-B)/A
1130 PRINT:PRINT"x("Y") ="X
1140 LOCATE 23, 1:PRINT"------------------------------------------------
----------------------"
1150 LOCATE 24, 1:INPUT"SOLL EINE WEITERE BERECHNUNG DURCHGEFHRT WERDEN (J/N) "
;J$
1160 IF J$ ="j" OR J$ ="J" GOTO 940
1170 '
1180 '#################### GRAPHISCHE DARSTELLUNG #########################
1190 '
1200 CLS
1210 LOCATE 10,10:PRINT"Soll die Funktion graphisch dargestellt werden (J/N)"
1220 LOCATE 12,10:PRINT"N U R   I M   G R A F I K M O D U S   M G L I C H"
1230 LOCATE 10,63:INPUT;J$
1240 IF J$ = "n" OR J$ = "N" THEN 2250
1250 GOTO 1590                          :'Zum Zeichnen der Achsen
1260 LOCATE  1,30:PRINT"Lineare Regression"
1270 LINE (1,(B+A#XW)#200/YMAX+34)-(400,(B+A#(XW+400#XMAX/300))#200/YMAX+34)
1280 GOTO 2220                          :'Zum Auswahlmen
1290 '
1300 '
1310 '###############################################################
1320 '#        SUCHEN DER GROESSTEN ABWEICHUNG DURCH VERGLEICH        #
1330 '###############################################################
1340 '
1350 I1 = 1
1360 GR#(I1) = W#(1)
1370 FOR I = 2 TO N
1380 IF W#(I) <= GR#(I1) THEN 1410
1390 I1=I
1400 GR#(I1) = W#(I)
```

```
1410 NEXT I
1420 PRINT:PRINT"   Die grsste Abweichung hat der "I1". Wert mit "W#(I1)
1430 PRINT :INPUT"   Wollen Sie diesen Wert korrigieren (J/N)";A$
1440 IF A$ = "n" OR A$ = "N" THEN 1550
1450 CLS
1460 LOCATE 3, 20
1470 PRINT"Das "I1". Wertepaar lautet:    "X#(I1)","Y#(I1)
1480 ON WAHL GOTO 1560,1570,1610,1590
1490 LOCATE 5,20
1500 PRINT"Der errechnete Wert ist:  " X#(I1)","Y1
1510 LOCATE 8,10
1520 PRINT "Geben Sie jetzt bitte das "I1". Wertepaar neu ein      ";
1530 INPUT X#(I1),Y#(I1)
1540 GOTO  600
1550 RETURN
1560 Y1=LI#(I1)
1570 GOTO 1490
1580 '
1590 '************************************************************************
1600 '*                    ZEICHNEN DES SCHAUBILDES                         *
1610 '************************************************************************
1620 '
1630 '**************** EINGABE VON X-max UND Y-max *****************
1640 '
1650 CLS
1660 LOCATE  3, 5:PRINT"Geben Sie Ihre Maximalpunkte ein:"
1670 LOCATE  6,20:INPUT " x-max:          ";XMAX
1680 LOCATE  8,20:INPUT " y-max:          ";YMAX
1690 LOCATE 13, 5:PRINT "Beschriftung der Achsen"
1700 LOCATE 16,10:PRINT"Beschriftung der x-Achse:"
1710 COLOR 0,7
1720 LOCATE 16,40
1730 PRINT SPC(10)
1740 LOCATE 16,40
1750 PRINT"";
1760 INPUT X$
1770 COLOR 7,0
1780 LOCATE 18,10:PRINT"Beschriftung der y-Achse"
1790 COLOR 0,7
1800 LOCATE 18,40
1810 PRINT SPC(10)
1820 LOCATE 18,40
1830 PRINT"";
1840 INPUT Y$
1850 COLOR 7,0
1860 '
1870 '************ SKALIEREN UND BESCHRIFTEN VON X- UND Y-ACHSE ************
1880 '
1890 SCREEN 2
1900 YM=0: XM = 0
1910 WINDOW (0,0)-(400,250)
```

```
1920 LOCATE 1,9  : PRINT CHR$(24)
1930 LINE (42,1)-(42,248)
1940 LOCATE 22,80  : PRINT CHR$(26)
1950 LINE (1,34)-(396,34)
1960 FOR I = 54 TO 234 STEP 20
1970 LINE (37,I)-(45,I)
1980 LOCATE 25-I/10,1
1990 YM = YM + YMAX/10
2000 YM = INT (10*YM+.5)/10
2010 PRINT YM
2020 LOCATE  1,1:PRINT Y$
2030 NEXT
2040 FOR I = 72 TO 342 STEP 30
2050 LINE (I,31)-(I,36)
2060 LOCATE 23,I/5-1
2070 XM = XM + XMAX/10
2080 XM = INT(10*XM +.5)/10
2090 PRINT XM
2100 LOCATE 23,73:PRINT X$
2110 NEXT
2120 XW = -42*XMAX/300
2130 '
2140 '******************** AUSGABE DER WERTEPAARE ************************
2150 '
2160 FOR I = 1 TO N
2170 CIRCLE (42+X#(I)*300/XMAX,34+Y#(I)*200/YMAX),2,,0,2*3.14,2/3
2180 NEXT
2190 GOTO 1260
2200 '
2210 '
2220 A$ = INKEY$
2230 IF A$ = "" THEN 2220
2240 SCREEN 0,0,0
2250 STOP
2260 '
2270 '******************** ALLGEMEINE UNTERPROGRAMME ********************
2280 '
2290 '----- UNTERPROGRAMM ZUM AUSLESEN DER WERTE AUS DATEI (BEI 2 WERTEN) ----
2300 '
2310 CLS
2320 LOCATE 10,10
2330 INPUT"Von welcher Datei sollen die Werte gelesen werden ";F$
2340 OPEN "i" , #1, F$
2350 INPUT #1,N
2360 FOR I = 1 TO N
2370 INPUT #1,X#(I), Y#(I)
2380 NEXT
2390 CLOSE
2400 RETURN
2410 '
```

```
2420 '---------------- UNTERPROGRAMM "Bitte whlen Sie" --------------------
2430 '
2440 LOCATE 18,28: COLOR 16,7: PRINT" Bitte whlen Sie: "
2450 LOCATE 18,49: COLOR 0,7: PRINT  SPC(3)
2460 LOCATE 18,49: COLOR 0,7: INPUT" ",LES :COLOR 7,0
2470 RETURN
```

6.2.2 Logarithmische Regression

Mit dem Logarithmus·wird es möglich, Exponenten von Funktionen zu errechnen, z. B.
die Anzahl von Zinsperioden (s. Formel (1-18) in Abschnitt 1). Die Gleichung für die
logarithmische Regression lautet:

$$y = a \ln x + b$$

Ein Vergleich mit der linearen Regressionsgeraden $y = ax + b$ zeigt, daß in den Formeln
statt x lediglich lnx gesetzt werden muß. Deshalb gilt für die konstanten Koeffizienten a
und b entsprechend den Formeln (6-6) und (6-7):

$$a = \frac{n \cdot \sum_i y_i \ln x_i - \sum_i \ln x_i \, \sum y_i}{n \cdot \sum_i (\ln x_i)^2 - \left(\sum_i \ln x_i\right)^2} \qquad (6\text{-}10)$$

$$b = \frac{\sum_i y_i}{n} - a \cdot \frac{\sum_i \ln x_i}{n} \qquad (6\text{-}11)$$

Programmlisting 6.2.2

```
10 '***********************************************************************
20 '*                    LOGARITHMISCHE REGRESSION                       *
30 '***********************************************************************
40 '
50 '********* MEN ZUR AUSWAHL WIE DIE WERTE EINGEGEBEN WERDEN SOLLEN ******
60 '
70 CLS
80 LOCATE  5, 5: PRINT "Eingabe der Wertepaare:
90 LOCATE  8, 5: PRINT"ber Bildschirm.................................
..........:  1
100 LOCATE 10, 5: PRINT"Von Datei einlesen...................................
..........:  2
110 GOSUB 2440                         :'Unterprogramm"Bitte whlen Sie"
120 ON WAHL GOTO 160,130
130 GOSUB 2290  :'Einlesen der Werte von Datei
140 GOTO 590
150 '
160 '************** EINGABE DER WERTEPAARE BER BILDSCHIRM ****************
170 '
```

```
180 CLS
190 LOCATE  1, 5: PRINT"EINGABE DER WERTEPAARE (ENDE MIT -1,-1):
200 LOCATE  2, 1:PRINT"      -----------------------------------------------
---------------------"
210 FOR I = 1 TO 100
220 PRINT
230 PRINT"    "I" . Wertepaars ";
240 INPUT X#(I),Y#(I)
250 IF X#(I) = -1# AND Y#(I) = -1#  THEN 280
260 NEXT
270 WA = 0
280 CLS
290 N = I-1
300 PRINT:PRINT"    Sie haben"N"Wertepaare eingegeben."
310 PRINT:INPUT"    Wollen Sie weitere Werte eingeben (J/N) ";A$
320 IF A$ = "J" OR A$ = "j" THEN 370
330 PRINT:INPUT"    Wollen Sie eingegebene Werte korrigieren (J/N) ";A$
340 IF A$ = "J" OR A$ = "j" THEN 480
350 GOTO 140
360 '
370 '#################### WEITERE WERTE EINGEBEN ########################
380 '
390 CLS
400 PRINT"    Sie knnen jetzt weitere Wertepaare eingeben (Ende mit -1,-1)."
: PRINT : PRINT
410 FOR I = 1 TO 100
420 PRINT"    "I". Wertepaar  ";
430 INPUT X#(I),Y#(I) :PRINT
440 IF X#(I) AND Y#(I) = -1 THEN 280
450 NEXT
460 GOTO 280
470 '
480 '################# EINGEGEBENE WERTE KORRIGIEREN #####################
490 '
500 CLS
510 PRINT:PRINT"    Mglichkeit eingegebene Werte zu korigieren"
520 PRINT:INPUT"    Welches Wertepaar wollen Sie korrigieren ";A
530 PRINT:PRINT"    Korrektur des "A". Wertepaars      ";
540 INPUT X#(A),Y#(A) :PRINT
550 GOTO 330
560 CLS
570 '
580 '
590 '######################### BERECHNUNG VON A,B,C ####################
600 '
610 SLX = 0 : SLXLX = 0 : SY = 0 : SYSLX = 0
620 FOR I = 1 TO N
630 SLX = SLX + LOG(X#(I))
640 SLXLX=SLXLX + LOG(X#(I))^2
650 SY = SY + Y#(I)
660 SYSLX = SYSLX + Y#(I) * LOG(X#(I))
```

```
670 DETN = N # SLXLX - SLX*SLX
680 DETZ1 = SY # SLXLX - SYSLX*SLX
690 DETZ2 = N # SYSLX - SLX*SY
700 NEXT
710 A = DETZ1 / DETN
720 B = DETZ2 / DETN
730 '
740 '************************* AUSGABEPROTOKOLL ************************
750 '
760 CLS
770 LOCATE  1, 1:PRINT"AUSGABEPROTOKOLL"
780 LOCATE  1,55:COLOR 0,7:PRINT"Logarithmische Regression":COLOR 7,0
790 PRINT"--------------------------------------------------------------
---------"
800 PRINT;TAB(6)"X";TAB(19);"I";TAB(25)"Y";TAB(39)"I";TAB(45)"y errechnet  I"
810 PRINT "------------------I------------------I-----------------I"
820 FOR I = 1 TO N
830 LO#(I) = A + B * LOG(X#(I)) : LO#(I) = INT(LO#(I)*100+.5)/100
840 PRINT;TAB(3);X#(I);TAB(19)"I";TAB(22);Y#(I);TAB(39)"I";TAB(45);LO#(I);TAB(58
);"I"
850 W#(I) = ABS(LO#(I)-Y#(I))
860 NEXT
870 PRINT "-------------------------------------------------------------"
880 GOSUB 1320
890 '
900 '************************* TRENDVORHERSAGE ************************
910 '
920 CLS
930 PRINT"ERGEBNIS
940 LOCATE 1,55:COLOR 0,7:PRINT"Logarithmische Regression":COLOR 7,0
950 PRINT"--------------------------------------------------------------
---------"
960 LOCATE 5,1:PRINT"Regressionsgerade :  y = "A" + "B"* ln(x)"
970 PRINT:PRINT
980 PRINT"--------------------------------------------------------------
---------"
990 PRINT:INPUT"Welcher Y-Wert soll errechnet werden (Eingabe von X) "; X
1000 IF X < > 0 GOTO 1010 ELSE GOTO 1030
1010 Y= A + B * LOG(X)
1020 PRINT:PRINT"y("X") ="Y
1030 PRINT
1040 PRINT:INPUT"Welcher X-Wert soll errechnet werden (Eingabe von Y) ";Y
1050 IF Y < > 0 GOTO 1060 ELSE GOTO 1080
1060 X = EXP((Y-A)/B)
1070 PRINT:PRINT"x("Y") ="X
1080 LOCATE 23, 1:PRINT"-----------------------------------------------------
----------------------"
1090 LOCATE 24, 1:INPUT"SOLL EINE WEITERE BERECHNUNG DURCHGEFHRT WERDEN (J/N) "
;J$
1100 IF A$ = "j" OR A$ = "J" GOTO 900
1110 '
```

```
1120 '************************* GRAPHISCHE DARSTELLUNG **********************
1130 '
1140 CLS
1150 LOCATE 5,10
1160 PRINT "Soll die Funktion graphisch dargestellt werden? J/N"
1170 LOCATE 8,10
1180 PRINT"N U R   I M   G R A F I K M O D U S   M 6 L I C H
1190 LOCATE 5,65
1200 INPUT A$
1210 IF A$ = "n" OR A$ = "N" THEN 2250
1220 GOTO 1600                                          :'Zum Zeichnen der Achsen
1230 LOCATE  1,30:PRINT"Logarithmische Regression"
1240 XW = XW+44*XMAX/300
1250 FOR J = 45 TO 400
1260 XW = XW + XMAX/300
1270 YP = A + B* LOG(XW)
1280 LINE (J,34 + YP*200/YMAX)-(J,34+YP*200/YMAX)
1290 NEXT
1300 GOTO 2210
1310 '
1320 '**********************************************************************
1330 '*          SUCHEN DER GROESSTEN ABWEICHUNG DURCH VERGLEICH          *
1340 '**********************************************************************
1350 '
1360 I1 = 1
1370 GR#(I1) = W#(1)
1380 FOR I = 2 TO N
1390 IF W#(I) <= GR#(I1) THEN 1420
1400 I1=I
1410 GR#(I1) = W#(I)
1420 NEXT I
1430 PRINT:PRINT"  Die grsste Abweichung hat der "I1". Wert mit "W#(I1)
1440 PRINT :INPUT"  Wollen Sie diesen Wert korrigieren (J/N)";A$
1450 IF A$ = "n" OR A$ = "N" THEN 1560
1460 CLS
1470 LOCATE 3, 20
1480 PRINT"Das "I1". Wertepaar lautet:    "X#(I1)","Y#(I1)
1490 GOTO 1570
1500 LOCATE 5,20
1510 PRINT"Der errechnete Wert ist:  " X#(I1)","Y1
1520 LOCATE 8,10
1530 PRINT "Geben Sie jetzt bitte das "I1". Wertepaar neu ein     ";
1540 INPUT X#(I1),Y#(I1)
1550 GOTO 590
1560 RETURN
1570 Y1=LO#(I1)
1580 GOTO 1500
1590 '
```

```
1600 '***********************************************************************
1610 '*                    ZEICHNEN DES SCHAUBILDES                        *
1620 '***********************************************************************
1630 '
1640 '################## EINGABE VON X-max UND Y-max ####################
1650 '
1660 CLS
1670 LOCATE  3, 5:PRINT"Geben Sie Ihre Maximalpunkte ein:"
1680 LOCATE  6,20:INPUT " x-max:           ";XMAX
1690 LOCATE  8,20:INPUT " y-max:           ";YMAX
1700 LOCATE 13, 5:PRINT "Beschriftung der Achsen"
1710 LOCATE 16,10:PRINT"Beschriftung der x-Achse:"
1720 COLOR 0,7
1730 LOCATE 16,40
1740 PRINT SPC(10)
1750 LOCATE 16,40
1760 PRINT"";
1770 INPUT X$
1780 COLOR 7,0
1790 LOCATE 18,10:PRINT"Beschriftung der y-Achse"
1800 COLOR 0,7
1810 LOCATE 18,40
1820 PRINT SPC(10)
1830 LOCATE 18,40
1840 PRINT"";
1850 INPUT Y$
1860 COLOR 7,0
1870 '
1880 '############# SKALIEREN UND BESCHRIFTEN VON X- UND Y-ACHSE ############
1890 '
1900 SCREEN 2
1910 YM=0: XM = 0
1920 WINDOW (0,0)-(400,250)
1930 LOCATE 1,9  : PRINT CHR$(24)
1940 LINE (42,1)-(42,248)
1950 LOCATE 22,80  : PRINT CHR$(26)
1960 LINE (1,34)-(396,34)
1970 FOR I = 54 TO 234 STEP 20
1980 LINE (37,I)-(45,I)
1990 LOCATE 25-I/10,1
2000 YM = YM + YMAX/10
2010 YM = INT (10*YM+.5)/10
2020 PRINT YM
2030 LOCATE  1,1:PRINT Y$
2040 NEXT
2050 FOR I = 72 TO 342 STEP 30
2060 LINE (I,31)-(I,36)
2070 LOCATE 23,I/5-1
2080 XM = XM + XMAX/10
2090 XM = INT(10*XM +.5)/10
2100 PRINT XM
```

```
2110 LOCATE 23,73:PRINT X$
2120 NEXT
2130 XW = -42*XMAX/300
2140 '
2150 '******************** AUSGABE DER WERTEPAARE *************************
2160 '
2170 FOR I = 1 TO N
2180 CIRCLE (42+X#(I)*300/XMAX,34+Y#(I)*200/YMAX),2,,0,2*3.14,2/3
2190 NEXT
2200 GOTO 1230
2210 A$ = INKEY$
2220 IF A$ = "" THEN 2210
2230 SCREEN 0,0,0
2240 CLS
2250 STOP
2260 '
2270 '****************** ALLGEMEINE UNTERPROGRAMME *********************
2280 '
2290 '----- UNTERPROGRAMM ZUM AUSLESEN DER WERTE AUS DATEI (BEI 2 WERTEN) ----
2300 '
2310 CLS
2320 LOCATE 10,10
2330 INPUT"Von welcher Datei sollen die Werte gelesen werden ";F$
2340 OPEN "i" , #1, F$
2350 INPUT #1,N
2360 FOR I = 1 TO N
2370 INPUT #1,X#(I), Y#(I)
2380 NEXT
2390 CLOSE
2400 RETURN
2410 '
2420 '------------------- UNTERPROGRAMM "Bitte whlen Sie" -------------------
2430 '
2440 LOCATE 23,28:COLOR 16,7:PRINT"Bitte whlen Sie: "
2450 LOCATE 23,49:COLOR  0,7:PRINT SPC(3)
2460 LOCATE 23,49:COLOR  0,7:INPUT" ",WAHL:COLOR 7,0
2470 RETURN
```

6.2.3 Exponentielle Regression

Exponentialfunktionen beschreiben Vorgänge mit konstanten Zunahmeraten (e^{+ax}) oder konstanten Abnahmeraten (e^{-ax}). Für die exponentielle Regression gilt:

$$y = b \cdot e^{ax},$$

wobei das Vorzeichen der Konstanten a zeigt, ob die Funktion wächst (bei positivem Vorzeichen) oder fällt (bei negativem Vorzeichen). Wird die obige Formel logarithmiert, so ergibt sich $\ln y = \ln b + ax$. Dies ist eine Geradengleichung, wobei die Geradensteigung als Steigerungsrate a zu verstehen ist. Wird diese Gleichung mit der Regressionsgeraden $y = ax + b$ verglichen, so wird bei der Bestimmung der konstanten Koeffizienten a und b $\ln y$ für y gesetzt.

Deshalb gilt:

$$a = e^{\dfrac{\left(\dfrac{\sum_i \ln y_i}{\sum_i x_i^2} - \dfrac{\sum_i \ln y_i}{\sum_i x_i}\right)}{\left(\dfrac{\sum_i x_i}{\sum_i x_i^2} - \dfrac{n}{\sum_i x_i}\right)}} \qquad (6\text{-}12)$$

$$b = \ln y_i - n \cdot \ln\left(\frac{a}{\sum_i x_i}\right) \qquad (6\text{-}13)$$

Programmlisting 6.2.3

```
 10 '*****************************************************************
 20 '*                EXPONENTIELLE TRENDVORHERSAGE                 *
 30 '*****************************************************************
 40 '
 50 DIM X#(100), Y#(100), P#(100),EX#(100),WI#(100),GR#(100),W#(100)
 60 '
 70 '********* MENÜ ZUR AUSWAHL WIE DIE WERTE EINGEGEBEN WERDEN SOLLEN ******
 80 '
 90 CLS
100 LOCATE  5, 5: PRINT "Eingabe der Wertepaare:
110 LOCATE  8, 5: PRINT"über Bildschirm..................................
............:  1
120 LOCATE 10, 5: PRINT"Von Datei einlesen...............................
............:  2
130 GOSUB 2470                      :'Unterprogramm"Bitte wählen Sie"
140 ON LES GOTO 180,150
150 GOSUB 2320  :'Einlesen der Werte von Datei
160 GOTO 650
170 '
180 '************** EINGABE DER WERTEPAARE ÜBER BILDSCHIRM ***************
190 '
200 CLS
210 LOCATE  1, 5: PRINT"EINGABE DER WERTEPAARE (ENDE MIT -1,-1):
220 LOCATE  2, 1:PRINT"   --------------------------------------------------
----------------------"
230 FOR I = 1 TO 100
240 PRINT
250 PRINT"   "I" . Wertepaars ";
260 INPUT X#(I),Y#(I)
```

```
270 IF X#(I) = -1# AND Y#(I) = -1#  THEN 300
280 NEXT
290 WA = 0
300 CLS
310 N = I-1
320 PRINT:PRINT"    Sie haben"N"Wertepaare eingegeben."
330 PRINT:INPUT"    Wollen Sie weitere Werte eingeben (J/N) ";A$
340 IF A$ = "J" OR A$ = "j" THEN 390
350 PRINT:INPUT"    Wollen Sie eingegebene Werte korrigieren (J/N) ";A$
360 IF A$ = "J" OR A$ = "j" THEN 500
370 GOTO 160
380 '
390 '******************** WEITERE WERTE EINGEBEN ************************
400 '
410 CLS
420 PRINT"    Sie können jetzt weitere Wertepaare eingeben (Ende mit -1,-1)."
: PRINT : PRINT
430 FOR I = I TO 100
440 PRINT"    "I". Wertepaar  ";
450 INPUT X#(I),Y#(I) :PRINT
460 IF X#(I) AND Y#(I) = -1 THEN 300
470 NEXT
480 GOTO 300
490 '
500 '****************** EINGEGEBENE WERTE KORRIGIEREN ******************
510 '
520 CLS
530 PRINT:PRINT"    Möglichkeit eingegebene Werte zu korigieren"
540 PRINT:INPUT"    Welches Wertepaar wollen Sie korrigieren ";A
550 PRINT:PRINT"    Korrektur des "A". Wertepaars        ";
560 INPUT X#(A),Y#(A) :PRINT
570 GOTO 350
580 CLS
590 '
600 '**********************************************************************
610 '*            EXPONENTIELLE TRENDVORHERSAGE                         *
620 '**********************************************************************
630 '
640 '
650 '************************** Berechnung von A, B ******************
660 '
670 '
680 SX = 0 : SXX = 0 : SLY = 0 : SLYX = 0
690 FOR I = 1 TO N
700 SX = SX + X#(I)
710 SXX = SXX + X#(I)^2
720 SLY = SLY +LOG(Y#(I))
730 SLYX = SLYX + X#(I)*LOG(Y#(I))
740 NEXT
750 A = EXP ((SLYX/SXX-SLY/SX) / (SX/SXX-N/SX))
760 B = (SLY -N*LOG(A))/SX
770 '
```

```
780 '********************* AUSGABEPROTIKOLL *****************************
790 '
800 CLS
810 LOCATE  1, 1:PRINT"AUSGABEPROTOKOLL"
820 LOCATE  1,56:COLOR 0,7:PRINT"Exponentielle Regression":COLOR 7,0
830 PRINT"------------------------------------------------------------------
---------"
840 PRINT;TAB(6)"X";TAB(19);"I";TAB(25)"Y";TAB(39)"I";TAB(45)"y errechnet   I"
850 PRINT "-------------------I-------------------I------------------I"
860 FOR I = 1 TO N
870 EX#(I) = B * EXP(A*X#(I)) : EX#(I)=INT(EX#(I)*100+.5)/100
880 PRINT;TAB(3);X#(I);TAB(19)"I";TAB(22);Y#(I);TAB(39)"I";TAB(45);EX#(I);TAB(58
);"I"
890 W#(I) = ABS(EX#(I)-Y#(I))
900 NEXT
910 PRINT "-------------------------------------------------------------"
920 GOSUB 1350
930 '
940 '********************* TRENDVORHERSAGE **************************
950 '
960 CLS
970 PRINT"ERGEBNIS
980 LOCATE 1,56:COLOR 0,7:PRINT"Exponentielle Regression":COLOR 7,0
990 PRINT"-----------------------------------------------------------------
---------"
1000 PRINT:PRINT"Steigung a        : "B"(=Steigerungsrate)"
1010 PRINT
1020 PRINT:PRINT"Regressionsgerade :  y = "A" * e ^"B"* x"
1030 PRINT:PRINT"------------------------------------------------------------------
-----------------"
1040 PRINT:INPUT"Welcher Y-Wert soll errechnet werden (Eingabe von X) "; X
1050 IF X < > 0 GOTO 1060 ELSE GOTO 1080
1060 Y = A * EXP(B*X)
1070 PRINT:PRINT"y("X") ="Y
1080 PRINT
1090 PRINT:INPUT"Welcher X-Wert soll errechnet werden (Eingabe von Y) ";Y
1100 IF Y < > 0 GOTO 1110 ELSE GOTO 1130
1110 X = LOG(Y/A)/B
1120 PRINT:PRINT"x("Y") ="X
1130 LOCATE 23, 1:PRINT"-----------------------------------------------------------
-----------------------"
1140 LOCATE 24, 1:INPUT"SOLL EINE WEITERE BERECHNUNG DURCHGEFÜHRT WERDEN (J/N) "
;J$
1150 IF A$ = "j" OR A$ = "J" GOTO 940
1160 '
1170 '********************* GRAPHISCHE DARSTELLUNG ***********************
1180 '
1190 CLS
1200 LOCATE 5,10
1210 PRINT "Soll die Funktion graphisch dargestellt werden (J/N)"
1220 LOCATE 8,10
```

```
1230 PRINT"N U R   I M   G R A F I K M O D U S   M ö G L I C H
1240 LOCATE 5,65
1250 INPUT A$
1260 GOTO 1630                                 :'Zum Zeichnen der Achsen
1270 LOCATE  1,30:PRINT"Exponentielle Regression"
1280 FOR J = 1 TO 400
1290 XW = XW + XMAX/300
1300 YP = A * EXP(B*XW)
1310 LINE (J,34 + YP*200/YMAX)-(J,34+YP*200/YMAX)
1320 NEXT
1330 GOTO 2240                                 :'Zum Auswahlmenü
1340 '
1350 '#################################################################
1360 '*        SUCHEN DER GROESSTEN ABWEICHUNG DURCH VERGLEICH        *
1370 '#################################################################
1380 '
1390 I1 = 1
1400 GR#(I1) = W#(1)
1410 FOR I = 2 TO N
1420 IF W#(I) <= GR#(I1) THEN 1450
1430 I1=I
1440 GR#(I1) = W#(I)
1450 NEXT I
1460 PRINT:PRINT"   Die grösste Abweichung hat der "I1". Wert mit "W#(I1)
1470 PRINT :INPUT"   Wollen Sie diesen Wert korrigieren (J/N)";A$
1480 IF A$ = "n" OR A$ = "N" THEN 1590
1490 CLS
1500 LOCATE 3, 20
1510 PRINT"Das "I1". Wertepaar lautet:    "X#(I1)","Y#(I1)
1520 GOTO 1600
1530 LOCATE 5,20
1540 PRINT"Der errechnete Wert ist:  " X#(I1)","Y1
1550 LOCATE 8,10
1560 PRINT "Geben Sie jetzt bitte das "I1". Wertepaar neu ein     ";
1570 INPUT X#(I1),Y#(I1)
1580 GOTO 650
1590 RETURN
1600 Y1=EX#(I1)
1610 GOTO 1530
1620 '
1630 '#################################################################
1640 '*                   ZEICHNEN DES SCHAUBILDES                    *
1650 '#################################################################
1660 '
1670 '################### EINGABE VON X-max UND Y-max ##################
1680 '
1690 CLS
1700 LOCATE  3, 5:PRINT"Geben Sie Ihre Maximalpunkte ein:"
1710 LOCATE  6,20:INPUT " x-max:           ";XMAX
1720 LOCATE  8,20:INPUT " y-max:           ";YMAX
1730 LOCATE 13, 5:PRINT "Beschriftung der Achsen"
```

```
1740 LOCATE 16,10:PRINT"Beschriftung der x-Achse:"
1750 COLOR 0,7
1760 LOCATE 16,40
1770 PRINT SPC(10)
1780 LOCATE 16,40
1790 PRINT"";
1800 INPUT X$
1810 COLOR 7,0
1820 LOCATE 18,10:PRINT"Beschriftung der y-Achse"
1830 COLOR 0,7
1840 LOCATE 18,40
1850 PRINT SPC(10)
1860 LOCATE 18,40
1870 PRINT"";
1880 INPUT Y$
1890 COLOR 7,0
1900 '
1910 '************* SKALIEREN UND BESCHRIFTEN VON X- UND Y-ACHSE *************
1920 '
1930 SCREEN 2
1940 YM=0: XM = 0
1950 WINDOW (0,0)-(400,250)
1960 LOCATE 1,9  : PRINT CHR$(24)
1970 LINE (42,1)-(42,248)
1980 LOCATE 22,80  : PRINT CHR$(26)
1990 LINE (1,34)-(396,34)
2000 FOR I = 54 TO 234 STEP 20
2010 LINE (37,I)-(45,I)
2020 LOCATE 25-I/10,1
2030 YM = YM + YMAX/10
2040 YM = INT (10*YM+.5)/10
2050 PRINT YM
2060 LOCATE  1,1:PRINT Y$
2070 NEXT
2080 FOR I = 72 TO 342 STEP 30
2090 LINE (I,31)-(I,36)
2100 LOCATE 23,I/5-1
2110 XM = XM + XMAX/10
2120 XM = INT(10*XM +.5)/10
2130 PRINT XM
2140 LOCATE 23,73:PRINT X$
2150 NEXT
2160 XM = -42*XMAX/300
2170 '
2180 '******************* AUSGABE DER WERTEPAARE ************************
2190 '
2200 FOR I = 1 TO N
2210 CIRCLE (42+X#(I)*300/XMAX,34+Y#(I)*200/YMAX),2,,0,2*3.14,2/3
2220 NEXT
2230 GOTO 1270
2240 A$ = INKEY$
```

```
2250 IF A$ = "" THEN 2240
2260 SCREEN 0,0,0
2270 '###############################################################
2280 '################## ALLGEMEINE UNTERPROGRAMME ##################
2290 '###############################################################
2300 '
2310 '
2320 '----- UNTERPROGRAMM ZUM AUSLESEN DER WERTE AUS DATEI (BEI 2 WERTEN) ----
2330 '
2340 CLS
2350 LOCATE 10,10
2360 INPUT"Von welcher Datei sollen die Werte gelesen werden ";F$
2370 OPEN "i" , #1, F$
2380 INPUT #1,N
2390 FOR I = 1 TO N
2400 INPUT #1,X#(I), Y#(I)
2410 NEXT
2420 CLOSE
2430 RETURN
2440 '
2450 '------------------ UNTERPROGRAMM "Bitte wählen Sie" ------------------
2460 '
2470 LOCATE 18,28: COLOR 16,7: PRINT" Bitte wählen Sie: "
2480 LOCATE 18,49: COLOR 0,7: PRINT  SPC(3)
2490 LOCATE 18,49: COLOR 0,7: INPUT" ",LES :COLOR 7,0
2500 RETURN
```

Beispiel 6.2.3-1:

Die Staatsausgaben des Bundes haben sich in der Bundesrepublik von 1970 bis 1984 folgendermaßen entwickelt:

Jahr	1970	1971	1972	1973	1974	1975	1976	1977
Mrd DM	87,6	98,4	112,1	122,1	134	159	165,2	172,4

	1978	1979	1980	1981	1982	1983	1984
Mrd DM	189,7	203,4	215,7	233	244,7	246,8	254

Wie lauten die Regressionsgleichungen und ihre Funktionsgraphen für die exponentielle, logarithmische und lineare Regression? Wie groß sind — je nach Regressionsart — die Staatsausgaben im Jahre 2000?

ERGEBNIS   Lineare Regressio

Steigung a   :   12.5722

Achsenabschnitt b : -792.1866

Korrelation c   :   .9962914

Regressionsgerade :   y = -792.1866 +   12.5722 * x

Welcher Y-Wert soll errechnet werden (Eingabe von X) ? 100

y(100) = 465.0336

Welcher X-Wert soll errechnet werden (Eingabe von Y) ?

SOLL EINE WEITERE BERECHNUNG DURCHGEFHRT WERDEN (J/N) ?

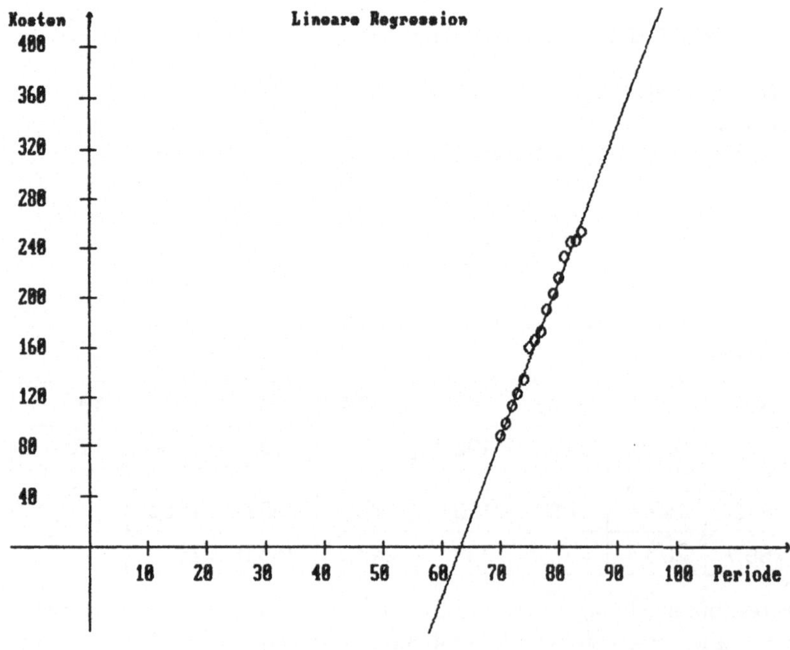

ERGEBNIS   Exponentielle Regression

Steigung a   :   .0768382 (=Steigerungsrate)

Regressionsgerade :   y =   .4491237   * e ^ .0768382 * x

Welcher Y-Wert soll errechnet werden (Eingabe von X) ? 100

y(100) = 975.903

Welcher X-Wert soll errechnet werden (Eingabe von Y) ?

SOLL EINE WEITERE BERECHNUNG DURCHGEFHRT WERDEN (J/N) ?

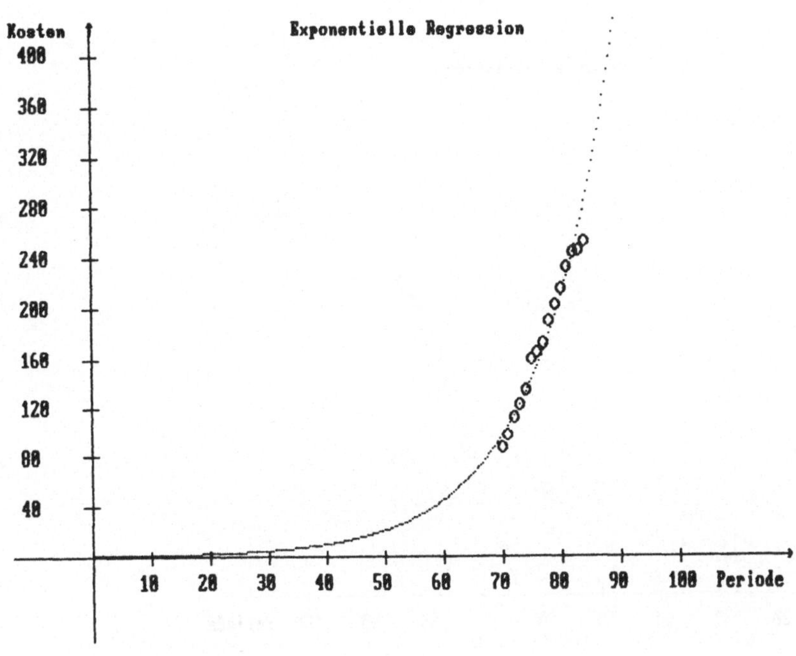

ERGEBNIS   Logarithmische Regressio

Regressionsgerade :   y = -4021.414   +   966.6328 * ln(x)

Welcher Y-Wert soll errechnet werden (Eingabe von X) ? 100

y(100) = 430.095

Welcher X-Wert soll errechnet werden (Eingabe von Y) ?

SOLL EINE WEITERE BERECHNUNG DURCHGEFHRT WERDEN (J/N) ?

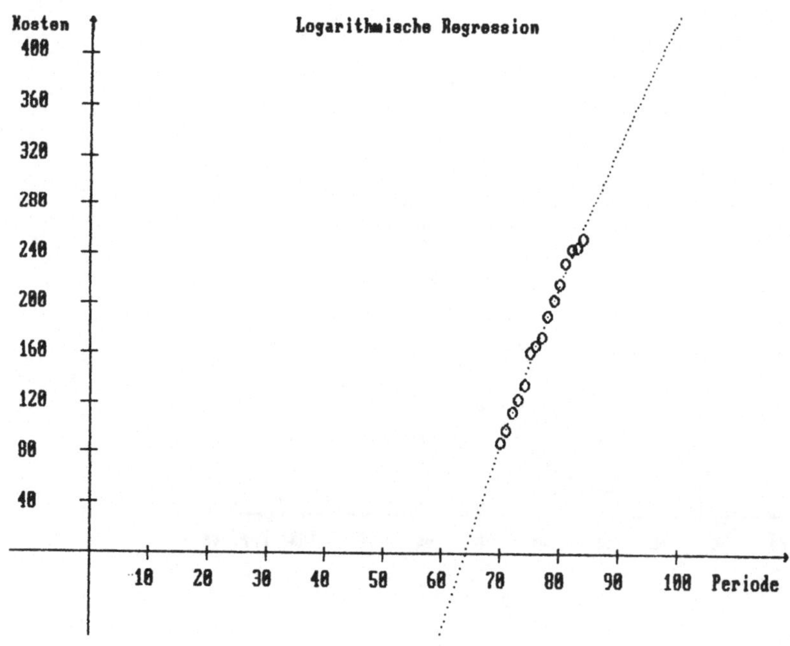

```
ERGEBNIS                                                    Polynome Regression
------------------------------------------------------------------------------


Regressionsgerade :   y =   1.113395E-09  + x ^ 5.925978


------------------------------------------------------------------------------


Welcher Y-Wert soll errechnet werden (Eingabe von X) ? 100

y( 100 ) = 7.111415E+11


Welcher X-Wert soll errechnet werden (Eingabe von Y) ?
```

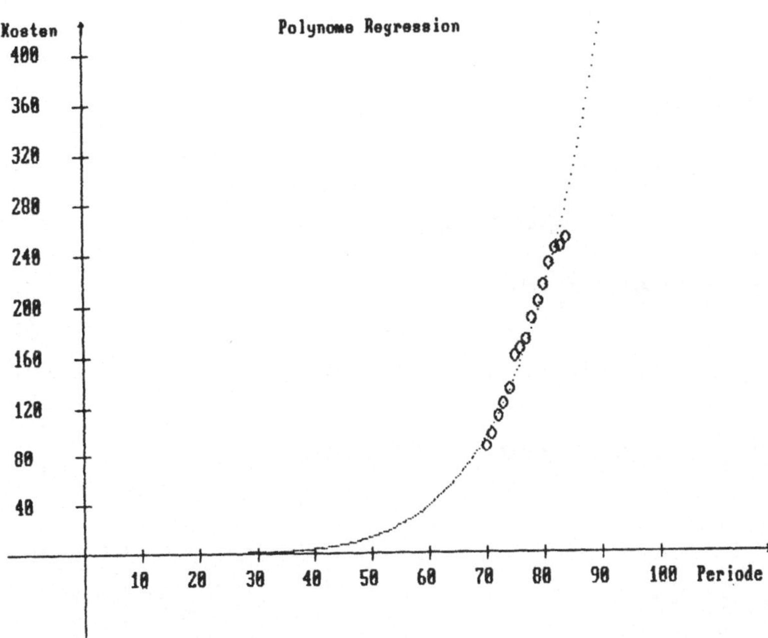

6.2.4 Polynome Regression

Viele Wirtschaftsdaten zeigen nicht rein lineare, logarithmische oder exponentielle Kurven-verläufe. Für sie gelten mathematische Zusammenhänge, die näherungsweise durch Potenzfunktionen (Polynome) der folgenden Form angenähert werden können:

$$y = a_0 + a_1 x + a_2 x^2 + \ldots + a_n x^n$$

Zur Bestimmung der konstanten Koeffizienten a_0, a_1, a_2 ... a_n müssen lineare Gleichungssysteme gelöst werden. Auf die Herleitung wird hier verzichtet; sie kann aber aus dem Programmlisting entnommen werden. Aus Gründen der Vereinfachung, und weil die Genauigkeit meist ausreicht, wird nur bis zur Potenzfunktion zweiter Ordnung entwickelt.

Programmlisting 6.2.4

```
10 '##############################################################################
20 '#                      POLYNOME REGRESSION                                   #
30 '##############################################################################
40 '
50 DIM X#(100),Y#(100),PO#(100),WI#(100),GR#(100),W#(100)
60 '
70 '######### MEN ZUR AUSWAHL WIE DIE WERTE EINGEGEBEN WERDEN SOLLEN ######
80 '
90 CLS
100 LOCATE  5, 5: PRINT "Eingabe der Wertepaare:
110 LOCATE  8, 5: PRINT"ber Bildschirm..............................
...........:  1
120 LOCATE 10, 5: PRINT"Von Datei einlesen.......................
...........:  2
130 GOSUB 2350                            :'Unterprogramm"Bitte whlen Sie"
140 ON LES GOTO 180,150
150 GOSUB 2210  :'Einlesen der Werte von Datei
160 GOTO 600
170 '
180 '############### EINGABE DER WERTEPAARE BER BILDSCHIRM #################
190 '
200 CLS
210 LOCATE  1, 5: PRINT"EINGABE DER WERTEPAARE (ENDE MIT -1,-1):
220 LOCATE  2, 1:PRINT"    ---------------------------------------------------
---------------------"
230 FOR I = 1 TO 100
240 PRINT
250 PRINT"   "I" . Wertepaars ";
260 INPUT X#(I),Y#(I)
270 IF X#(I) = -1# AND Y#(I) = -1#  THEN 300
280 NEXT
290 WA = 0
300 CLS
310 N = I-1
320 PRINT:PRINT"    Sie haben"N"Wertepaare eingegeben."
330 PRINT:INPUT"    Wollen Sie weitere Werte eingeben (J/N) ";A$
340 IF A$ = "J" OR A$ = "j" THEN 390
350 PRINT:INPUT"    Wollen Sie eingegebene Werte korrigieren (J/N) ";A$
360 IF A$ = "J" OR A$ = "j" THEN 500
370 GOTO 160
380 '
```

```
390 '********************** WEITERE WERTE EINGEBEN ***************************
400 '
410 CLS
420 PRINT"      Sie knnen jetzt weitere Wertepaare eingeben (Ende ait -1,-1)."
: PRINT : PRINT
430 FOR I = I TO 100
440 PRINT"     "I". Wertepaar  ";
450 INPUT X#(I),Y#(I) :PRINT
460 IF X#(I) AND Y#(I) = -1 THEN 300
470 NEXT            .
480 GOTO 300
490 '
500 '***************** EINGEGEBENE WERTE KORRIGIEREN *********************
510 '
520 CLS
530 PRINT:PRINT"     Mglichkeit eingegebene Werte zu korigieren"
540 PRINT:INPUT"     Welches Wertepaar wollen Sie korrigieren ";A
550 PRINT:PRINT"     Korrektur des "A". Wertepaars      ";
560 INPUT X#(A),Y#(A) :FRINT
570 GOTO 350
580 CLS
590 '
600 '********************************* Berechnung von A, B *********************
610 '
620 SLX=0 : SLY=0 : SLXLX=0 : SLXLY=0
630 FOR I = 1 TO N
640 SLX = SLX + LOG(X#(I))
650 SLXLX = SLXLX + LOG(X#(I))^2
660 SLY = SLY + LOG(Y#(I))
670 SLXLY = SLXLY + LOG(X#(I)) * LOG(Y#(I))
680 NEXT I
690 B = (N*SLXLY/SLX-SLY) / (N*SLXLX/SLX-SLX)
700 A = EXP((SLY - B*SLX)/N)
710 '
720 '*************************** AUSGABEPROTOKOLL *********************
730 '
740 CLS
750 LOCATE  1, 1:PRINT"AUSGABEPROTOKOLL"
760 LOCATE  1,61:COLOR 0,7:PRINT"Polynome Regression":COLOR 7,0
770 PRINT"-----------------------------------------------------------------
---------"
780 PRINT;TAB(6)"X";TAB(19);"I";TAB(25)"Y";TAB(39)"I";TAB(45)"y errechnet  I"
790 PRINT "-------------------I--------------------I-----------------I"
800 FOR I = 1 TO N
810 PO#(I) = A * X#(I) ^ B     : PO#(I) = INT(PO#(I)*100+.5)/100
820 PRINT;TAB(3);X#(I);TAB(19)"I";TAB(22);Y#(I);TAB(39)"I";TAB(45);PO#(I);TAB(58
);"I"
830 W#(I) = ABS(PO#(I)-Y#(I))
840 NEXT
```

```
850 PRINT "------------------------------------------------------------"
860 GOSUB 1270
870 '
880 '************************* TRENDVORHERSAGE *************************
890 '
900 CLS
910 PRINT"ERGEBNIS
920 LOCATE 1,61:COLOR 0,7:PRINT"Polynome Regression":COLOR 7,0
930 PRINT"------------------------------------------------------------
---------"
940 LOCATE 5,1:PRINT"Regressionsgerade :   y = "A" + x ^"B"
950 PRINT:PRINT
960 PRINT"------------------------------------------------------------
---------"
970 PRINT:INPUT"Welcher Y-Wert soll errechnet werden (Eingabe von X) "; X
980 IF X < > 0 GOTO 990 ELSE GOTO 980
990 Y= A + X ^ B
1000 PRINT:PRINT"y("X") ="Y
1010 PRINT
1020 PRINT:INPUT"Welcher X-Wert soll errechnet werden (Eingabe von Y) ";Y
1030 X = (Y-A)^(1/B)
1040 PRINT:PRINT"x("Y") ="X
1050 LOCATE 23, 1:PRINT"------------------------------------------------------
-----------------------"
1060 LOCATE 24, 1:INPUT"SOLL EINE WEITERE BERECHNUNG DURCHGEFHRT WERDEN (J/N) "
;J$
1070 '
1080 '******************** GRAPHISCHE DARSTELLUNG *********************
1090 '
1100 CLS
1110 LOCATE 5,10
1120 PRINT "Soll die Funktion graphisch dargestellt werden? J/N"
1130 LOCATE 8,10
1140 PRINT"N U R   I M   G R A F I K M O D U S   M G L I C H
1150 LOCATE 5,65
1160 INPUT A$
1170 IF A$ = "n" OR A$ = "N" THEN 2170
1180 GOTO 1550                                   :'Zum Zeichnen der Achsen
1190 LOCATE  1,30:PRINT"Polynome Regression"
1200 FOR J = 1 TO 400
1210 XW = XW + XMAX/300
1220 YP = A * SGN(XW) * ABS(XW)^B
1230 LINE (J,34 + YP*200/YMAX)-(J,34+YP*200/YMAX)
1240 NEXT
1250 GOTO 2160
1260 '
1270 '********************************************************************
1280 '*          SUCHEN DER GROESSTEN ABWEICHUNG DURCH VERGLEICH          *
1290 '********************************************************************
1300 '
1310 I1 = 1
```

```
1320 GR#(I1) = W#(1)
1330 FOR I = 2 TO N
1340 IF W#(I) <= GR#(I1) THEN 1370
1350 I1=I
1360 GR#(I1) = W#(I)
1370 NEXT I
1380 PRINT:PRINT"  Die grsste Abweichung hat der "I1". Wert mit "W#(I1)
1390 PRINT :INPUT"   Wollen Sie diesen Wert korrigieren (J/N)";A$
1400 IF A$ = "n" OR A$ = "N" THEN 1510
1410 CLS
1420 LOCATE 3, 20
1430 PRINT"Das "I1". Wertepaar lautet:    "X#(I1)","Y#(I1)
1440 GOTO 1520
1450 LOCATE 5,20
1460 PRINT"Der errechnete Wert ist:  " X#(I1)","Y1
1470 LOCATE 8,10
1480 PRINT "Geben Sie jetzt bitte das "I1". Wertepaar neu ein      ";
1490 INPUT X#(I1),Y#(I1)
1500 GOTO 600
1510 RETURN
1520 Y1=PO#(I1)
1530 GOTO 1450
1540 '
1550 '#############################################################################
1560 '*                    ZEICHNEN DES SCHAUBILDES                              *
1570 '#############################################################################
1580 '
1590 '################### EINGABE VON X-max UND Y-max ###################
1600 '
1610 CLS
1620 LOCATE  3, 5:PRINT"Geben Sie Ihre Maximalpunkte ein:"
1630 LOCATE  6,20:INPUT " x-max:          ";XMAX
1640 LOCATE  8,20:INPUT " y-max:          ";YMAX
1650 LOCATE 13, 5:PRINT "Beschriftung der Achsen"
1660 LOCATE 16,10:PRINT"Beschriftung der x-Achse:"
1670 COLOR 0,7
1680 LOCATE 16,40
1690 PRINT SPC(10)
1700 LOCATE 16,40
1710 PRINT"";
1720 INPUT X$
1730 COLOR 7,0
1740 LOCATE 18,10:PRINT"Beschriftung der y-Achse"
1750 COLOR 0,7
1760 LOCATE 18,40
1770 PRINT SPC(10)
1780 LOCATE 18,40
1790 PRINT"";
1800 INPUT Y$
1810 COLOR 7,0
1820 '
```

```
1830 '############ SKALIEREN UND BESCHRIFTEN VON X- UND Y-ACHSE #############
1840 '
1850 SCREEN 2
1860 YM=0: XM = 0
1870 WINDOW (0,0)-(400,250)
1880 LOCATE 1,9  : PRINT CHR$(24)
1890 LINE (42,1)-(42,248)
1900 LOCATE 22,80  : PRINT CHR$(26)
1910 LINE (1,34)-(396,34)
1920 FOR I = 54 TO 234 STEP 20
1930 LINE (37,I)-(45,I)
1940 LOCATE 25-I/10,1
1950 YM = YM + YMAX/10
1960 YM = INT (10*YM+.5)/10
1970 PRINT YM
1980 LOCATE  1,1:PRINT Y$
1990 NEXT
2000 FOR I = 72 TO 342 STEP 30
2010 LINE (I,31)-(I,36)
2020 LOCATE 23,I/5-1
2030 XM = XM + XMAX/10
2040 XM = INT(10*XM +.5)/10
2050 PRINT XM
2060 LOCATE 23,73:PRINT X$
2070 NEXT
2080 XW = -42*XMAX/300
2090 '
2100 '##################### AUSGABE DER WERTEPAARE ##########################
2110 '
2120 FOR I = 1 TO N
2130 CIRCLE (42+X#(I)*300/XMAX,34+Y#(I)*200/YMAX),2,,0,2*3.14,2/3
2140 NEXT
2150 GOTO 1190
2160 SCREEN 0,0,0
2170 STOP
2180 '
2190 '################# ALLGEMEINE UNTERPROGRAMME ########################
2200 '
2210 '----- UNTERPROGRAMM ZUM AUSLESEN DER WERTE AUS DATEI (BEI 2 WERTEN) ----
2220 '
2230 CLS
2240 LOCATE 10,10
2250 INPUT"Von welcher Datei sollen die Werte gelesen werden ";F$
2260 OPEN "i" , #1, F$
2270 INPUT #1,N
2280 FOR I = 1 TO N
2290 INPUT #1,X#(I), Y#(I)
2300 NEXT
2310 CLOSE
2320 RETURN
2330 '
```

```
2340 '--------------------------------------------------------------
2350 LOCATE 18,28: COLOR 16,7: PRINT" Bitte whlen Sie: "
2360 LOCATE 18,49: COLOR 0,7: PRINT  SPC(3)
2370 LOCATE 18,49: COLOR 0,7: INPUT" ",LES :COLOR 7,0
2380 RETURN
```

Auf der Diskette sind alle Programme für die lineare, logarithmische, exponentielle und polynome Regression zusammengefaßt und über eine Menüsteuerung anwählbar. Folgende Unterprogramme gelten für alle Regressionen und werden von allen Programmen gemeinsam benutzt:

"Korrekturen",

"Suchen der größten Abweichung",

"Zeichnen des Schaubildes",

"Abspeichern bzw. Einlesen auf bzw. von einer Datei" und

"Maßstabsveränderungen".

Sachwortverzeichnis

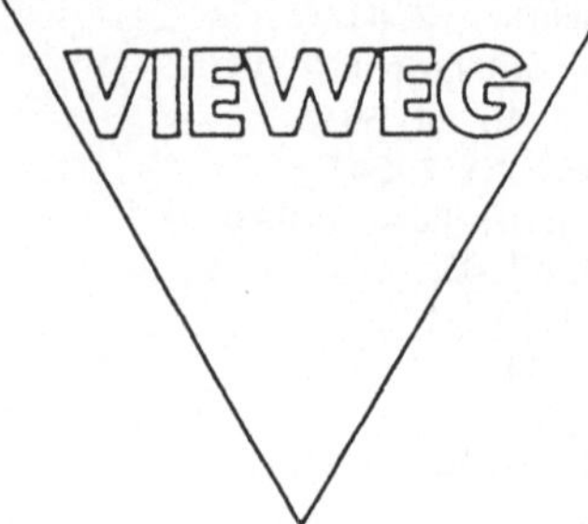

Ekbert Hering und Karl Scheurer

Fortgeschrittene Programmiertechniken in Turbo Pascal

1986. X, 148 S. 16,2 x 22,9 cm. (Programmieren von Mikrocomputern, Bd. 19.) Kart.

Das erste Anliegen dieses Buches ist es, dem Leser die Erstellung von Standardroutinen zu demonstrieren, d. h. Prozeduren und Funktionen zu entwickeln, die häufig auftretende Problemstellungen in sauberer, reproduzierbarer Weise bewältigen. Um dies zu erreichen, verzichten die Autoren darauf, allgemeine, praxisfremde Probleme zu behandeln, sondern beschreiben vielmehr Routinen aus der Praxis. Jede Prozedur und jede Funktion wurde in der hier vorliegenden Form auf mindestens zwei verschiedenen Rechnern (Tandy Modell 1000, Siemens PC-D) gründlich ausgetestet.

Das zweite Anliegen dieses Buches ist es, die Routinen gut zu schreiben. Dazu werden dem Leser folgende Prinzipien vermittelt:

Programmentwurf, Benutzerfreundlichkeit, Zuverlässigkeit und **Effizienz.**

Dieses Buch bietet eine Fülle von Standardroutinen.

Die Auseinandersetzung mit der Vorgehensweise beim Programmieren, bzw. mit den Überlegungen, die den Entwurf und die Implementierung beeinflußt haben, geben dem Benutzer genügend Anregungen für eigene Programmentwicklungen.

Zum Buch ist eine begleitende Diskette mit allen Programmbeispielen für Mikrocomputer unter MS-DOS (5 1/4") erhältlich.